やさしいイラストで
しっかりわかる

天文現象
のきほん

今夜はどの星をみる？ 空を見上げたくなる
天文ショーと観察方法の話

塚田健

はじめに

　皆さんは「天文現象」と聞いて何を思い浮かべるでしょうか？

　日食？　それとも流星群でしょうか？　数年に一度見られるもの、毎年決まった時期に見られるもの、その頻度はまちまちですが、1つ1つの現象をとってみると、天文現象には"めずらしい"というイメージがあるのかもしれません。メディアに天文現象が取り上げられると、常套句のように「次は〇〇年後！」とか「〇〇年ぶり！」という言葉が躍ります。

　たしかにめずらしい＝貴重な現象＝見逃せない、と言うのは一理あります。宇宙のタイムスケールから見れば1人の人間の一生は一瞬とも言えるようなものですから、一生のうちに一度も見る機会がない天文現象もごまんとあります。そのような現象に巡り会えたときは万難を排して見てほしいです。

　一方で、天文現象の中には日常的に起きている、特別めずらしいわけではないものも数多くあります。そもそも「天文現象」という言葉は天体により起こるできごと、天体や宇宙の時間変化を表すものだと私は考えています。そのため、天気に左右されるのが天文現象の常ですが、晴れてさえいれば毎日のように見られるものもあるのです。

　本書は数ある天文現象をなるべく網羅するとともに、できる限り幅広く、身近すぎて多くの人が天文現象とは認識していないような事柄にも

スポットを当てました。「日の出・日の入り」や「月の満ち欠け」など がその例でしょう。あわせてなるべく肉眼、つまり特別な道具がなくと も見られる現象も紹介するようにしました。科学的には天文現象には含 まれませんが、ぜひ見てみたいイベント（ダイヤモンド富士など）やロ ケットの打ち上げなど人為的なイベントも紹介しています。

　「星を見る」と聞くと双眼鏡や望遠鏡が必要、だから自分には縁遠い と思ってしまいがちですが、決してそんなことはありません。身1つ で楽しめる天文現象もたくさんあるのです。

　さらに、なぜその現象が起こるのかも簡単に説明しました。天文現象 が天文・宇宙への興味の入り口になることも多いと思います。天文学は 宇宙のしくみ・なりたちを解き明かし、「我われはどこから来たのか？ 我われは何者か？」を考える学問です。空を見上げたとき、天文現象を 見たとき、「なぜそうなるんだろう？」と、ぜひ疑問に感じてほしいで すし、本書がその問いに答える一助になればと思います。そして、その 答えを知ることで、ワクワク感が増し、さらなる疑問を持ってもらえれ ば幸いです。

　では、奥深い天文現象の世界をご案内しましょう。

塚田 健

もくじ

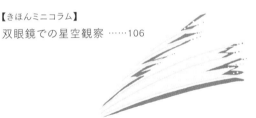

Chapter 1

太陽の
見どころ

01

もっとも身近な天文現象
日の出・日の入り

　水平線から昇る朝日、ビルの谷間に沈む夕日…毎日例外なく繰り返される日の出と日の入りは私たちにもっとも身近な天文現象でしょう。母なる星・太陽の出没はさまざまな想いを抱かせてくれます。

　日の出・日の入りは、前後の空の色の変化や地上の風景・雲などとの競演も合わせて楽しめます。忙しい時間帯かもしれませんが、たまにはゆっくりと眺めてみてください。

▶ チェックポイント

　毎日規則正しく太陽が昇り、また沈んでいくのは、地球が1日に1回、自転をしているからです。というより、地球の自転の周期を1日としたわけですね。地球は西から東へと自転しているため、地上にいる私たちには太陽は東から西へと動いていくように見えます。

　地球の自転軸は、地球の公転軌道面に対し約23.4°傾いています。その結果、四季のある地域が生まれ、太陽が昇る（沈む）方向や時刻が毎日少しずつ変化していくのです。もちろん昼夜の長さも変わります。

▶ 楽しみ方

　日の出・日の入りの時刻は毎日同じではありません。狙う場合はその時刻を調べないといけません。東西にも南北にも長い日本列島は同じ日でも場所によってそれは大きく変わります。国立天文台暦計算室のWebサイトでは市町村や経緯度を指定して日の出・日の入り時刻を調べることができます。

　ちなみに、日の出や日の入りとは「太陽の上端が地平線に接した瞬間」です。

八ヶ岳から昇る太陽。山の端
から漏れ出る太陽の光には
神々しさすら感じられます。画
像：中西アキオ

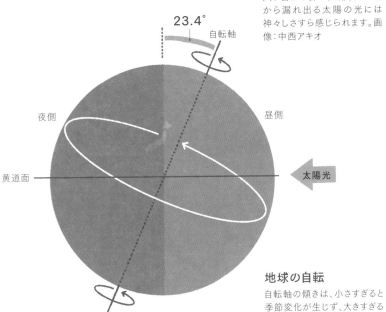

23.4°

自転軸

夜側

昼側

黄道面

太陽光

地球の自転

自転軸の傾きは、小さすぎると
季節変化が生じず、大きすぎる
と季節変化が激しくなります。
23°.4は絶妙な大きさです。

【参考】
国立天文台暦計算室　http://eco.mtk.nao.ac.jp/koyomi/

02

日本ならではの現象
ダイヤモンド富士

日本の最高峰、霊峰・富士。その雄大かつ端正な姿に、日本人であれば誰もが畏敬の念を抱くのではないでしょうか。そんな富士山と太陽との競演がダイヤモンド富士です。具体的には富士山の頂上と太陽が重なり、富士山頂の背後から太陽が昇ってくる、または富士山頂の背後に太陽が沈んでいく現象をダイヤモンド富士といいます。

▶ チェックポイント

地球の自転軸は、自身の公転軌道面に対しおよそ23°.4傾いています。そのため四季が生じ、太陽が昇る（沈む）方角も季節によって変わります。ちょうど富士山の頂上と重なればダイヤモンド富士が見られます。たいていの地点では、ダイヤモンド富士は年に2回見られます。

▶ 楽しみ方

ダイヤモンド富士が見られる地域は限られています。まず富士山が見えないといけません。国土交通省関東地方整備局が"富士山の良好な眺望が得られる地点"として「関東の富士見百景」を選定していますので、参考にしてください。加えて、富士山が太陽の昇る、または沈む方向に見える場所でないといけません。ダイヤモンド富士が見られるのは富士山の東西、それぞれ南北35°の範囲です。

ダイヤモンド富士が見られる日時を調べるのに便利な「d_fuji」というソフトウェアがあります。フリーソフトですので、ぜひダウンロードしてみてはいかがでしょうか？

【参考】
国土交通省関東地方整備局 関東の富士見百景 https://www.ktr.mlit.go.jp/chiiki/fuji100.html
d_fuji http://www.meizan.jp/soft/d_fuji_v24/diafuji_v24.html

2021年1月9日に埼玉県川口市で撮影したダイヤモンド富士。画像：中西アキオ

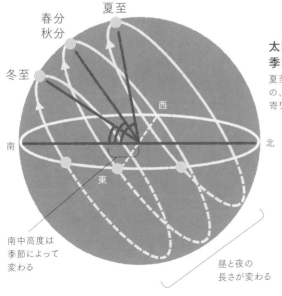

夏至

春分
秋分

冬至

西

南

北

東

南中高度は
季節によって
変わる

昼と夜の
長さが変わる

太陽の経路と
季節変化

夏至のときにはもっとも北寄りの、冬至のときにはもっとも南寄りの経路をとります。

03

幸運の緑色
グリーンフラッシュ

　グリーンフラッシュとは、太陽が沈む直前、または太陽が昇った直後に、太陽の上端が緑色に光って見える現象です。非常に稀な現象で、ハワイなどには、見た者は幸せになれるという言い伝えがあります。フランスの作家ジュール・ベルヌの小説『Le Rayon vert（邦題：緑の光線）』で主題として取り上げられ、よく知られるようになったと言われています。オレンジ色に染まる空の中に一瞬輝く緑色。一生に一度は見てみたい現象です。

タヒチ島で撮影したグリーンフラッシュ。画像：中西アキオ

**太陽の
スペクトル**

太陽に含まれている各色の光のうち、青っぽい光は大気中の分子によって散乱してしまいますが、空が非常によく澄んでいると緑色の光はわずかに私たちの目に届きます。

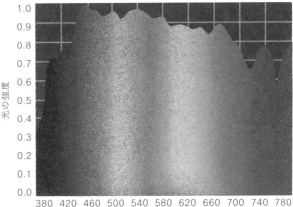

▶ **チェックポイント**

　太陽の光にはもともと虹の7色がすべて含まれています。太陽光は地球の大気によって散乱されますが、とくに太陽の高さが低いときは太陽光が地球の大気を通過する距離が長く、青っぽい光はほとんど散乱して赤っぽい光だけが私たちまで届きます。しかし、空気が非常に澄んでいると波長が短い緑色の光も届くようになります。

　さらに、太陽光は地球大気によって屈折し、その度合いは波長（色）によって異なるため、それぞれの色の太陽像がわずかながら上下にずれます。通常は赤色の光が強いので日没／日出時の太陽は赤く見えるのですが、赤色の太陽が水平線などで隠されると、最頂部の緑色の光のみがグリーンフラッシュとして見えるというわけです。

▶ **楽しみ方**

　グリーンフラッシュを見るには、空がなるべく澄んでいて、かつ地平線や水平線が見通せる場所に行かないといけません。雲で隠されてもグリーンフラッシュは見られますが、それでも低空まで開けた場所に行った方がいいでしょう。高い山の上や離島、洋上などがおすすめです。小笠原諸島の父島は、グリーンフラッシュが見やすい場所として有名ですね。

雲間から光射す"天使の梯子"
薄明光線

　薄明光線とは、雲に隠された太陽の光が雲の隙間などから漏れ、その筋が明るく広がって見える現象です。薄明光線とは科学の専門用語ではなく、ほかにも「光芒」や「レンブラント光線」「天使の梯子」「ヤコブの梯子」などともよばれます。多くの場合は地上に向かって光が降り注ぐように見えますが、上空に向かって光が広がっていく場合もあります。たいへん美しく、神々しさが感じられる光景です。

▶ チェックポイント

　薄明光線は、大気中の微粒子によって光が散乱され、その光路が見えるようになる「チンダル現象」の一種です。なので、大気中にエアロゾル、つまり雲を作る水滴よりも小さい、目に見えない大きさの水滴が適度に浮遊している状態であれば薄明光線が見られる可能性があります。また、太陽そのものは隠されてないといけませんから、層積雲や乱層雲、高積雲といった太陽光を遮れるほど厚みがあり、かつ切れ目がある雲が出ていないと薄明光線は見られません。

▶ 楽しみ方

　薄明光線がいつ見られるか予報はできませんが、太陽の高さが低くなる明け方や夕方に見られることがほとんどです。日中に良さそうな雲が出ていたら、夕方の西の空に注目してみるといいでしょう。薄明光線が頭上を超えて伸びると、太陽と正反対の方向に向かって収束するように見えることがあり、これを「反薄明光線」といいます。薄明光線が見えたときは、その反対方向にも注目してみてください。

雲の切れ間から差す太陽光
が神々しい。画像：沼澤茂美

05

地球の影が空に映る!?
地球影とビーナスベルト

　光が当たるとその反対側に影ができますね。実は、私たちが暮らしている地球そのものの影を空に見ることもできます。太陽が昇ってくる直前や太陽が沈んだ直後に太陽と反対側の空が深い藍色に見えることがありますが、これが地球の影、「地球影」です。さらにその上には薄いピンク色の光の帯「ビーナスベルト」が見られます。よく晴れて空が澄んだ日の夕暮れ時には普通に見ることができますので、もしかしたら皆さんもこれまでに何度か目にしたことがあるかもしれません。

▶ **チェックポイント**

　影は光源とは反対方向に伸びます。ですから、太陽が地平線上にあるうちは、地球の影を私たちが目にすることはできません。ただし、太陽が地平線のすぐ下にあるときは、地上には太陽の光が当たっていませんが空には太陽の光が当たっているので、空に地球の影が映って見えるのです。ビーナスベルトのピンク色は、夕焼けや朝焼けの光が反対側の空まで届き、高い空の青色と混ざることで現れます。

▶ **楽しみ方**

　地球影やビーナスベルトはよく晴れて空気が澄んでいる日の夕暮れや明け方に見られます。日の出5〜10分前、または日の入り5〜10分後に観察してみてください。日の出前であれば、ビーナスベルトと地球影の境目がゆっくりと地平線の方へと下がっていき、見えなくなると同時に太陽が昇ってきます。反対に日の入り後であれば、その境目がゆっくり空を覆っていって夜になります。とくに日の入り後の地球影が変化する様子を見ると、夜空が地球の影であることが実感できますよ。

地平線のすぐ上の帯状の暗い領域が地球影、そのすぐ上のピンク色に染まっている領域がビーナスベルト。画像の中央に見えるのは月。画像：中西アキオ

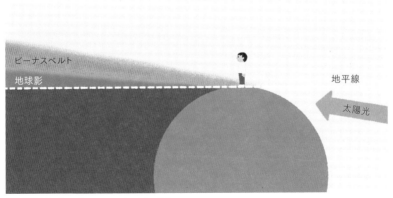

地球影とビーナスベルトのしくみ

太陽光が地平線のすぐ下に位置していると、上空に太陽の光が当たりつつ、地球の影が空に映ります。

母なる星が欠けてゆく…
日食

　月が太陽を隠し、太陽が欠けて見える日食は、畏怖すら感じる天文現象です。昔の人が忌み嫌っていたのも納得がいきます。日食は、太陽の一部分だけが隠される「部分月食」、太陽がリング状に隠される「金環日食」、太陽面すべてが隠され周りにコロナが広がる「皆既日食」の3つに分けられます。

　とくに皆既日食は、コロナのほかダイヤモンドリングやベイリービーズといった息をのむ美しい現象が見られ（ベイリービーズは金環日食でも見られます）、海外に遠征してまで見たくなる人が続出するほどです。「見ると人生観が変わる」と言われるほどインパクトの強いこの皆既日食は、地球から観測できる天文現象としてはもっとも劇的で見ごたえのあるものの1つです。

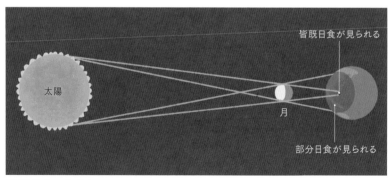

皆既日食のしくみ
地球に落ちた影のうち、中心の暗い影（本影）の中で皆既日食が、周囲のやや暗い影（半影）の中で部分日食が見られます。（大きさや距離の比率はデフォルメしています）

2017年8月21日に起きた北アメリカ大陸横断皆既日食。黒い太陽の周囲にコロナが広がっているのがわかります。画像：中西アキオ

▶ チェックポイント

　日食は、太陽―月―地球が 18 ページの図の順に一直線に並んだとき、すなわち新月の日に起こります。新月のたびに日食とならないのは、月が地球の周りを公転する軌道面が、地球が太陽の周りを公転する軌道面に対しわずかに傾いているためです。金環食と皆既食が生じる理由は、地球と月の間の距離が変化して、地球から見た目の大きさが太陽より大きくなったり小さくなったりするためです（詳細は p.40 参照）。

　金環食や皆既食が見られるということは、直径が地球の 100 倍以上もある太陽と直径が地球の 4 分の 1 程度しかない月の見かけの大きさがほぼ同じであるということ。これはまったくの偶然で、奇跡といっても過言ではないでしょう。かつての月は今よりも地球に近く、また現在も地球から徐々に遠ざかりつつあります。はるか未来には皆既日食そのものが見られなくなるわけで、私たちは美しい日食が見られる非常に幸運な時代に生きていると言えるのです。

▶ 楽しみ方

　日食を観察するときにもっとも気を付けなければいけないのは、目の安全です。裸眼はもちろんのこと、一般的なサングラスやただ黒いだけの下敷き越しに太陽を見ては絶対にいけません（皆既日食の皆既中は裸眼でも見ても大丈夫です）。必ず日食めがねを使いましょう。ピンホールを使って紙などに映したり、鏡で壁に映したりするなどして、間接的な方法で見るのもいいでしょう。

　日食は見る場所によってその進行や太陽の欠け具合が変わります。あらかじめ、自分が見る場所での状況を国立天文台暦計算室の Web サイト「日食各地予報」などで調べておきましょう。

【参考】
国立天文台 日食各地予報　https://eco.mtk.nao.ac.jp/cgi-bin/koyomi/eclipsex_s.cgi

コロナの広がりとダイヤモンドリング
月の表面の凹凸によって、皆既食となる直前・皆既食が終わる直前に月の凹地から太陽光が漏れ出します。それがダイヤモンドリングの正体です。画像:中西アキオ

金環日食
2010年1月15日アフリカ、アジアなどで見られた金環日食。ミャンマーで撮影。金環日食のリングは日食ごとに太さが異なります。画像:塩田和生

部分日食
2014年10月23日、北米などで見られた部分日食。アメリカ・コロラド州で撮影。画像:根岸宏行

ベイリービーズ
2017年2月26日に南米などで見られた金環日食時のベイリービーズ。画像:根岸宏行

07

太陽に住むカラス!?
肉眼黒点

　太陽の表面（光球）に見える黒いシミのような模様である黒点。その多くは望遠鏡でないと見ることはできませんが、時折、肉眼でも見えるほどの大きさの黒点が出現することがあります。古来、日本や中国では太陽にカラスが住んでいると信じられていましたが、その正体は肉眼で見えた黒点かもしれません。

▶ チェックポイント
　太陽の表面（光球）の温度は約 6,000 度ですが、黒点は約 4,000 度。黒点が黒く見えるのは、周囲より温度が低いからです。そのため、もし黒点だけを取り出すことができれば光り輝いて見えるはずです。

▶ 楽しみ方
　肉眼で見えると言っても、それは黒点が肉眼で認識できるほど大きいということであって、肉眼で太陽を見ていいわけではありません。空高く輝く太陽に肉眼黒点を見るときは、必ず日食めがねを使用し、長時間、太陽を見続けないようにしましょう。日の出直後や日の入り直前の太陽は地球の大気の影響で眩しさが抑えられるため、道具を使わなくても太陽を、そして肉眼黒点を目にすることができます。朝日や夕日の表面に黒い模様が見えれば、まさにそれが肉眼黒点です。

　黒点を大きく拡大して見たい場合は望遠鏡を使う必要があります。とはいえ、太陽を直接望遠鏡で見ると目が"目玉焼き"になってしまいます。太陽観測専用の天体望遠鏡を使うか、太陽投影板に映して観測しましょう。黒点が暗部と半暗部に分かれていることなどを確かめることができますよ。

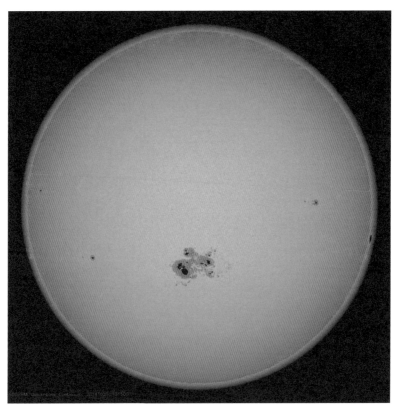

2014年に撮影された
巨大黒点

宇宙望遠鏡SDO（ソーラー・ダイナミクス・オブザーバトリー）がとらえた巨大黒点。中央の黒点群は差し渡しが地球10個分以上もある大きさでした。画像：NASA/SDO

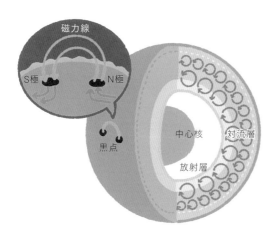

黒点が発生するしくみ

太陽内部で発生した磁力線が対流によって上昇し、表面から浮き上がったその断面に黒点ができます。これは磁場によって対流によるエネルギー輸送が妨げられ、その領域だけ温度が下がるからです。

太陽からの贈り物
オーロラ

　極北の空を彩る、光のカーテン「オーロラ」。誰もが一度は目にしたいと思う現象の１つではないでしょうか。音もなく色とりどりの光がゆらめく様は、まさに幻想的という言葉がぴったりです。宇宙と地球の境界である"宇宙の渚"で、太陽と地球の相互の関わりの中で生まれるオーロラ。実は、太陽からの"贈り物"なのです。

▶ チェックポイント

　オーロラのもとは、太陽風とよばれる太陽から噴き出す電気を帯びた粒です。地球は磁気の壁で太陽風から守られていますが、何らかのきっかけで太陽風が地球の大気圏に入り込み、大気をつくる分子と高速で衝突すると、分子が励起（エネルギーが高い状態になる）されて光ります。

　オーロラが光っている高さは 90 km 〜 600 km です。オーロラには赤や緑、紫といったさまざまな色が見られますが、これは太陽風が大気を作るどの分子とどの高さでどのくらいのエネルギーで衝突するかによって決まります。

▶ 楽しみ方

　オーロラは頻繁に起きている現象ですが、残念ながら日本で見ることはほとんどできません。オーロラが見やすいのは、高緯度地方です。アラスカやカナダ、北欧の国々のほか、南半球ではニュージーランドなどがオーロラの鑑賞地として有名でしょう。

　オーロラの光は淡いですから、なるべく人工の光がないところで見たほうがいいでしょう。もちろん晴れていないと見られませんから、行こうとしている地域がよく晴れる季節を選ぶことも重要です。

アラスカで撮影したオーロラ。緑色の光も赤色の光も励起した酸素原子が放つ光ですが、発光高度が異なります。画像：河内牧栄

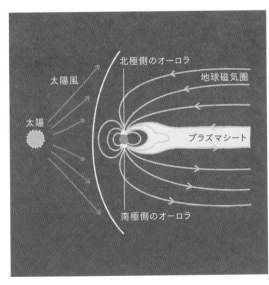

太陽風
北極側のオーロラ
地球磁気圏
太陽
プラズマシート
南極側のオーロラ

地球の磁気圏と太陽風

磁気圏は太陽とは反対方向に伸びており、何らかの原因で太陽風が磁力線に沿って磁気圏内部へと侵入して地球大気と衝突すると、オーロラが発生します。

地球の太陽面通過

　ある惑星において、その惑星よりも太陽に近い軌道を公転する惑星、つまり内惑星であれば、その太陽面通過を見ることができます。地球から水星や金星の太陽面通過が見られる（p.86）ように、もし火星に行くことができれば「地球の太陽面通過」が見られるはずです。

　火星から見た太陽の見かけの大きさ（視直径）は0.35°で、地球から見た場合の7割ほど、そこに映る地球の見かけの大きさは、地球から見た金星の半分ほどです。ですが、地球から見た水星よりは大きいので、視力がよければ肉眼でも地球が見えるかもしれません。月も見えるはずですが、地球の4分の1ほどの大きさしかありませんから、肉眼ではまず無理でしょう。

　直近で、火星で地球の太陽面通過が見られたのは1984年5月11日のことでした（もちろん見た人はいませんが）。次は2084年11月10日です。そのころ、人類は火星の地を踏んでいるでしょうか？　火星で暮らす人々はいるのでしょうか？　楽しみですね。

Chapter 2

月の
見どころ

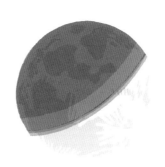

その光景は千変万化
月の出・月の入り

　月の出・月の入りは、日の出・日の入りに負けず劣らずドラマティックな現象です。月は満ち欠けによって形が変わって見えますし、日の出・日の入りと違い時刻が劇的に変化します。夕焼け空に沈む月もあれば、真夜中の漆黒の闇に沈む月も青空に沈む月もあるのです。地球と同じく太陽に照らされているため、地上の景色と明るさが近く親和性も高いと

言えるでしょう。

▶ チェックポイント

　月が東から昇って西に沈むように見えるのは太陽と同様、地球が自転をしているからですが、月の出や月の入りの時刻がバリエーションに富むのは、月が地球の周りを回っているからです。月の出・月の入りの時刻は、平均して毎日およそ 50 分ずつ遅れていきます。その結果、月の出や月の入りがない日もあるのです。

　月の出・月の入りは、月の満ち欠けと密接な関係があります。このことは次項の「月の満ち欠け」で説明することにしましょう。

昇った直後の月
日の出と違い、地上の景色が逆光にならないため、ランドマークなどと一緒に見たり写したりして楽しむことができます。画像：中西アキオ

▶ 楽しみ方

　ここまで書いてきたように、月の出・月の入りの時刻は日によって大きく変わりますから、それを見ようと思ったら事前にしっかりと調べておく必要があります。国立天文台暦計算室の Web サイト（p.9 参照）から調べることもできますし、月の出・月の入り時刻が載っているカレンダーなども売られています。新聞にも載っていますね。なお、月の出・月の入りの瞬間は、太陽とは異なり「月の中心が地平線に一致する時刻」と決められています。なので、月の出の時刻にはすでに月の一部が見えていることがありますので、それを念頭に置いておきましょう。

満ちては欠け、欠けては満ちる
月の満ち欠け

　もっとも地球に近い天体である月は、肉眼で形や模様を見ることができる数少ない天体の1つです。しかも満ちたり欠けたり…そんな「月の満ち欠け」を通してさまざまな表情を見られるのが月の魅力でしょう。清少納言の随筆に「月は、有明の東の山ぎはに、細くて出づるほど、いとあはれなり。」とありますが、皆さんはどんな形の月が好きですか？

▶ チェックポイント

　月が満ち欠けをして見える原因は、月が自ら光らず太陽の光をはね返して光って見えているため、そして月が地球の周りを回ることで太陽・地球・月の位置関係が変化するためです。太陽、地球、月がこの順に並べば、月の太陽光が当たっている半球側の全面を地球から見ることがで

三日月

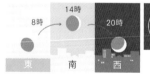

上弦の月

満月

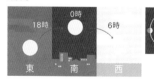

下弦の月

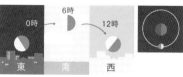

月齢と月の出・月の入り時刻の関係

太陽、地球、月の位置関係と月の形、そして月の出入りの関係を頭の中で整理しておくと、天体観察の計画を立てるのに役立ちます。

宵の空に沈みゆく細い月。暗くなりゆく空に輝く細い月はたいへん美しい。月の右手に見える明るい星は木星と土星。画像：中西アキオ

きます。これが満月です。

　"月の形" と "月が昇る（沈む）時刻" には関係があります。先の満月の場合、地球から見て太陽と月は反対側に位置していますから、満月は日の入りと同時に昇り、日の出とともに沈むということがわかります。

▶ 楽しみ方

　月の満ち欠けは肉眼でも充分楽しめ、双眼鏡や望遠鏡でもそれぞれ楽しみ方があります。望遠鏡で見るときの注目ポイントは欠け際です。月面の凹凸による影が伸び、立体感を持って月面を見ることができます。

　新月からの日数が「月齢」です。月齢は月の形を表す数字と言えます。この先で紹介するように月には月齢によって異なる見どころがあります。皆さん、自分のお気に入りの月齢を見つけて、それぞれの楽しみ方を突き詰めてみてください。

11

限界に挑戦!
月齢1未満の月

　煌々と夜空を照らす満月もきれいですが、消えそうなくらい細い月も儚く美しいものです。二日月（月齢1）の月は糸のように細く見えるため「繊月」ともよばれます。では、二日月より細い月は見ることはできるのでしょうか？　望遠鏡を使ったケースでは月齢0.5（新月の瞬間の12時間後！）の月の観察に成功した記録があるそうです。そこまでとはいかなくても、皆さんも自分の限界にチャレンジしてみませんか？

▶ チェックポイント

　月齢1未満の月は大変見にくいです。それは見かけ上とても太陽に近く、また光っている面が非常に小さいためです。月齢は新月の瞬間が0ですから、例えば月齢0.7の月は新月の瞬間から17時間後です。新月となる時刻はまちまちですから、何時に新月の瞬間を迎えるかは重要な要素ですね。

　ある経験則によると、月の高度が10°程度というのが限界ライン。また、月と太陽の方位差が小さくなるほど観察しやすいそうです。

▶ 楽しみ方

　日没の時刻・方位とそのときの月の高度・方位、その時の月齢は国立天文台暦計算室のWebサイト（p.9参照）で調べられます。空の状態も重要で、低空まで晴れ透明度がよくないと、細い月は見ることができません。

　細い月のうち、弦が水平に見える月のことを「受け月」ともよぶそうです。見ることができれば、願いが"こぼれず"に叶うそうですよ！　春の夕方や秋の明け方に見られますので、合わせてチャレンジしてみては？

月齢1.1の月。これでもかなり細く見えますが、月齢1未満ということはもっと細いことになります。その見にくさが想像できるでしょう。画像：中西アキオ

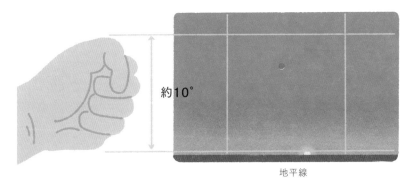

約10°

地平線

太陽に近く、高度も低い

日没時の月の高度が10°ということは、地平線から伸ばした腕の先の握り拳1つ分しか高さがないことになります。開けた場所で観察しましょう。

12

新しい月に抱かれた古い月
地球照

　夕方から宵の西の空、または未明から明け方の東の空に浮かぶ細い月は、それだけで美しいものです。さらに目を凝らすと、本来は見ることができないはずの月の暗い部分がぼんやり見えることがあります。これが「地球照」です。英語圏では「the old moon in the new moon's arms（新しい月に抱かれた古い月）」とも表される地球照。白く輝く"新しい月"とほのかに光る"古い月"の対比は神々しくさえ感じられ、薄明の空に花を添えてくれるのです。

▶ **チェックポイント**

　月は太陽の光をはね返して光って見えます。ということは、太陽光が当たっていない月の"夜"の部分は見えないはずです。地球照は、その名の通り、地球に反射した太陽光が月に届き、さらに月ではね返されて私たちの目に届いたものなのです。

▶ **楽しみ方**

　月から見た地球がいかに明るいとはいえ、太陽の明るさは強烈ですから、月の太陽に照らされた部分が細いときでないと地球照は見ることができません。新月を挟んで、おおよそ月齢27〜3のときが地球照を見るチャンスです。肉眼でも楽しめますが、双眼鏡などがあると、よりはっきりと地球照を見ることができるでしょう。早起きが必要な新月前の月より、夕方〜宵に見られる新月後の月の方が見やすいですね。

　地球照はコンパクトデジカメやスマートフォンのカメラでも簡単に写せます。まわりの風景をうまく取り入れつつ、ぜひ撮影にもチャレンジしてみてください。

月齢3の月と地球照。太陽の光が当たっていないはずの領域もぼんやりと光って見えています。
画像：中西アキオ

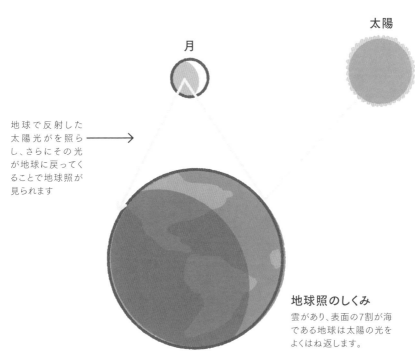

太陽

月

地球で反射した
太陽光が を照ら
し、さらにその光
が地球に戻ってく
ることで地球照が
見られます

地球照のしくみ
雲があり、表面の7割が海
である地球は太陽の光を
よくはね返します。

13

日本人は月が大好き！
中秋の名月と後の月

　「月月に 月見る月は 多けれど 月見る月は この月の月」…作者不詳の
この和歌には天体としての月と時間の単位である月（1 ヵ月）がともに
詠み込まれています。登場する月の数は全部で 8 個、つまりこの和歌
は旧暦である太陰太陽暦の 8 月 15 日の月、すなわち「中秋の名月」を
詠んだものと思われます。

　日本や中国などでは、8 月 15 日の月を名月と称し、お月見を楽しむ
風習があります。太陰太陽暦では 7 月、8 月、9 月が秋。つまり 8 月
15 日は秋の中日。なので"中秋"の名月なのです。「十五夜」ともいい
ますね。なお、日本には 9 月 13 日の月を愛でる風習もあり、これを「後
の月」や「十三夜」といいます。

▶ チェックポイント

　なぜ秋の月が名月とされるようになったのでしょう？ これはまず、
満月の"高さ"と関係があります。春と秋の満月は低すぎず高すぎず、
見て楽しむのにちょうどいい高さに昇ります。ただ、春は黄砂や花粉な
どの影響で空が霞みがちです。"天高く馬肥ゆる秋"と言われるように、
空が澄み渡る秋こそ月がもっとも美しく見える季節なのです。

▶ 楽しみ方

　お月見を楽しむのに特別な道具は必要ありません。自分の目で月の輝
きを受け止め、月を愛でればいいのです。加えて、お供え物をしてみる
のもよいでしょう。ススキに月見団子、季節の収穫物などです。十五夜
は「芋名月」、十三夜は「豆名月」や「栗名月」ともよばれます。サト
イモや大豆、栗をお供えしてみてはいかがでしょう。

中秋の名月のイメージ（満月とススキを合成）。ススキを供えるのは、ススキは切り口が鋭く、邪気や災いを遠ざける力があると考えられていたため。画像：中西アキオ

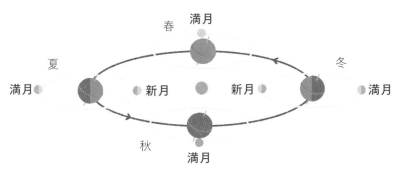

季節によって月の南中高度が変わる

地球の周りを回る月は、地球が太陽の周りを回る影響により、季節ごとの満月の南中高度が変化します。夏はもっとも低く、冬はもっとも高くなります。

14

ときに満月が赤銅色に染まる

月食

　煌々と地上を照らしていたはずの満月が徐々に欠けていき、皆既になれば全球が赤銅色に染まる。日食ほどの劇的さはありませんが、肉眼でも楽しめ、ゆっくり眺めることができます。皆既月食であれば、完全に地球の影に隠れて見えなくなるはずの月が、地球大気で屈折して回り込んだ太陽光に照らされて赤銅色に見える不思議を感じつつ、月食中の月の色の変化を追いかけるのも楽しみの1つです。

▶ チェックポイント

　月は太陽の光をはね返すことで光って見えています。そのため、月が太陽から見て地球の裏へと回り地球の影に入ると、月が見えなくなっていきます。これが月食です。太陽、地球、月がこの順で一直線になるとき…、つまり月食は必ず満月の日に起こるのです。月食のときの月の欠け際は、地球の影の輪郭になるわけですね。

▶ 楽しみ方

　日食と違い、月食は日本のどこであっても同じ時刻に始まり終わります。ただ、同じ時刻でも見る場所によって月が見える方角や高さが違います。月食が始まる時刻に、ある場所では月が高く昇っているけれども別のある場所ではまだ昇っていない、なんていうこともあるのでご注意を。あらかじめ、国立天文台暦計算室の Web サイト「月食各地予報」などで調べておきましょう。

　月食は肉眼でも楽しめる現象ですが、双眼鏡などがあると月を大きくして見ることができるので、より楽しめるでしょう。欠けゆく満月はスマートフォンなどでも簡単に撮影することができますよ！

2018年7月28日に見られた皆既月食。実は皆既月食の"赤味"は月食の度に異なります。このときは比較的明るい皆既食でした。画像：中西アキオ

部分月食

2012年12月10日に見られた皆既月食の部分月食時の画像。画像：西條善弘

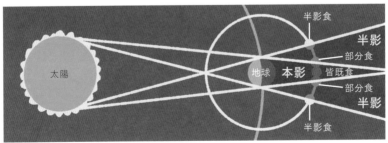

月食のしくみ

月食には、月の半影にのみ月が入る（月がかすかに暗くなる）半影月食、本影に月の一部が入る部分月食、本影に月全体が入る皆既月食とがあります。（大きさや距離の比率はデフォルメしています）

【参考】
国立天文台暦計算室 月食各地予報　https://eco.mtk.nao.ac.jp/cgi-bin/koyomi/eclipsex_l.cgi

15

スーパームーンってどんな月?
大きい満月・小さい満月

　皆さんは、どこかで「スーパームーン」という言葉を耳にしたことはあるでしょうか? 始めに断っておくと「スーパームーン」という月のよび名は天文学の用語ではありません。もとは 1 人の占星術師が使い始めた単語がいつしか広まったもの。そのため学術的な定義はなく、一口にスーパームーンと言っても、それがどのような月を指しているかはさまざまです。が、いずれも"大きく見える満月"を指しています。そう、実は満月には大きく見える満月と小さく見える満月があるのです。

▶ チェックポイント

　月の公転軌道は楕円で、太陽の重力の影響も加わって地球と月までの距離は約 35 万 7,000 km から約 40 万 6,000 km の間で変化します。月が地球に近づいたときに満月となれば"大きい満月"に、月が地球から遠ざかったタイミングで満月となれば"小さい満月"となるわけです。

▶ 楽しみ方

　"大きい満月"と"小さい満月"を並べて比較はできないので、実際に夜空に浮かぶ満月を見て大きい小さいがわかるかというと困難です。ところが数字的には、大きく見えるときと小さく見えるときとで、大きさが 14 %、明るさが 30 % も違います。なお、月の視直径は国立天文台暦計算室の Web ページで調べることができます（p.8 参照）。

　また、皆さんにはスーパーであろうとなかろうと、満月の夜にはその明るさを体感してほしいです。都市部では街灯などの影響で月明かりを感じる機会が減っていますが、満月が空高くに昇っていれば、明かりがなくても夜道を歩けるほどですよ。

月の見かけの大きさの変化

こうして並べて見ると大きさの違いは一目瞭然ですが、実際には並べて見ることはできないので、比較は困難です。画像：沼澤茂美

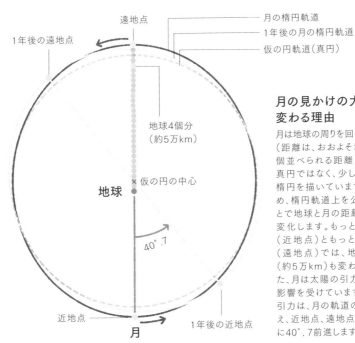

遠地点
1年後の遠地点
月の楕円軌道
1年後の月の楕円軌道
仮の円軌道（真円）
地球4個分（約5万km）
仮の円の中心
地球
40°.7
近地点
1年後の近地点
月

月の見かけの大きさが変わる理由

月は地球の周りを回っています（距離は、おおよそ地球を30個並べられる距離）。軌道は真円ではなく、少しゆがんだ楕円を描いています。そのため、楕円軌道上を公転することで地球と月の距離も刻々と変化します。もっとも近い点（近地点）ともっとも遠い点（遠地点）では、地球4個分（約5万km）も変わります。また、月は太陽の引力にも強い影響を受けています。太陽の引力は、月の軌道の向きを変え、近地点、遠地点ともに1年に40°.7前進します。

宇宙の奥行きを感じよう
惑星食・1等星食・星団食

　月が背景の星を隠す現象を星食と言います。暗い星の星食であれば頻繁に起きていますが、肉眼はおろか双眼鏡でもまず楽しめません。やはり明るい天体である惑星や1等星の食がおすすめです。またプレヤデス星団（すばる）やヒヤデス星団といった明るい星団の食も、月が星団の星たちを次々と隠していく様子が見られ、飽きません。

▶ **チェックポイント**

　月は地球の周りを公転しているため、星ぼしが時間とともに東から西へ動いていくように見える日周運動とは別に、夜空を西から東へと動いていきます。つまり、月は星ぼしよりも"遅く"動いているように見え、結果として星食が起きるのです。

　惑星食は、地球を除く7惑星で起こり得ますが、1等星食は21ある1等星のうち4つでしか起こりません。すなわちレグルス、スピカ、アンタレス、アルデバランで、これらは空における月の通り道「白道」に近い星たちです。

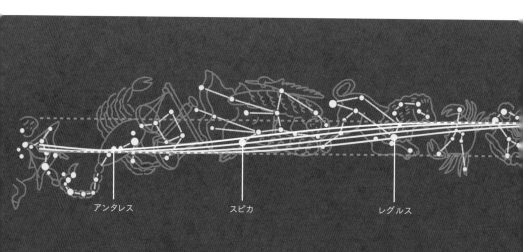

アンタレス　　スピカ　　レグルス

▶ 楽しみ方

いつどのような星食が起きるかは『天文年鑑』や天文雑誌で知ることができます（惑星食は国立天文台暦計算室の Web サイトで検索できます [p.8 参照]）。星食は観測する場所によって食の進行（開始／終了時刻や月面にどこに隠されるかなど）が違いますので、しっかりと調べてから観察に臨みましょう。

また、星食は隠す方の月の"形"がそのときどきで異なるのが大きな特徴です。三日月のような細い月が星を隠すこともあれば、半月より丸みを帯びた月が星を隠すこともあるのです。星が月に隠されることを潜入、星が月の裏側から出てくることを出現といいますが、とくに見応えがあるのは、月の光っていない"夜側"での潜入や出現です（暗縁潜入や暗縁出現といいます）。

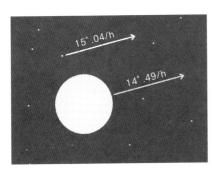

星食が起こるしくみ

星は1時間に15.04°東から西に動いき（日周運動）、月は1時間に14.49°東から西に動きます（日周運動＋公転運動）。この差が星食を起こすのです。

月の通り道（白道）にある1等星

白道（下図の破線の中）は月の公転軌道の変化に伴って夜空での位置を変化させます。現在星食が起こる1等星は4つですが、将来は増えることもありえます。

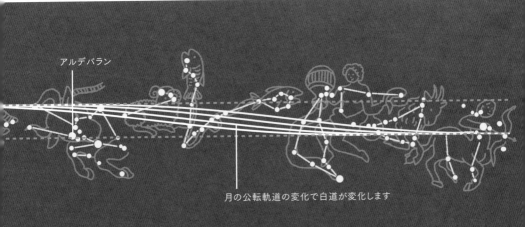

アルデバラン

月の公転軌道の変化で白道が変化します

生きてるうちはもう見られない!? ダブル食
月食中の惑星食

　天文現象によっては、複数の現象が同時に見られることがあります。オーロラが躍る夜空に流星が流れたり、惑星たちが大集合しているすぐ近くを国際宇宙ステーションが通過したり。なかでもレアな現象の1つが月食中の星食、とくに惑星食でしょう。満ち欠けとは違う欠け方を見せる月や赤銅色に染まる満月の背後に惑星が隠されていく…。地球の影と月と惑星が織りなす奇跡、畏怖すら感じます。

▶ **チェックポイント**

　2022年11月8日、皆既月食の最中に天王星食が起きました。メディアでも400年ぶりなどとセンセーショナルに取り上げられました。月食は数年に一度は見られますし、惑星食も10年に数回は見るチャンスがありますが、両者の組み合わせとなると数百年に一度。日本の場合、次の機会は2304年3月23日（土星食）、世界的に見ても2235年6月2日（天王星食）まで見られません。一方で、暗い恒星の星食であれば、月食中に頻繁に見られます。とはいえ、3等星ですら2088年5月6日まで月食中に星食は起きないのですが…（日本の場合）。

▶ **楽しみ方**

　残念ながら、いま生きている私たちが皆既月食中に起こる惑星食を見ることは叶いません。しかし、2022年11月8日に起こった皆既月食中の天王星食は、多くの天文台やメディアによるライブ配信が行われ、いまもその動画はアーカイブとして動画配信サイトに残っています。ここではその代表として、国立天文台が行ったライブ配信を紹介しますので、ぜひ見ていただきたいと思います。

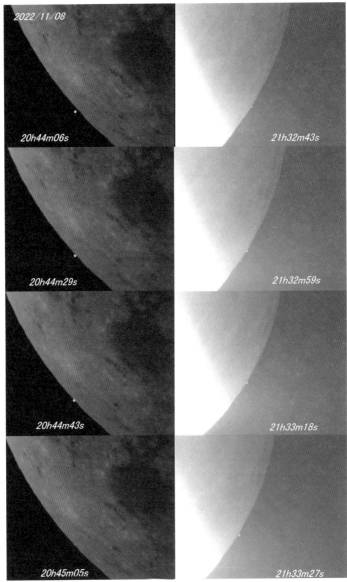

2022/11/08

20h44m06s

20h44m29s

20h44m43s

20h45m05s

21h32m43s

21h32m59s

21h33m18s

21h33m27s

2022年11月8日の皆既月食中の天王星食。月食中の惑星食は1580年以来440年ぶりのことでした。画像:佐々木一男

【2022年11月8日のライブ配信視聴先】
YouTube　国立天文台チャンネル「【ライブ配信】皆既月食＋天王星食（2022年11月8日）」
https://www.youtube.com/watch?v=-VUftz_GTOk

富士山と月の競演
パール富士

　満月が富士山頂から昇る（富士山頂へ沈む）現象を「パール富士」といいます。白く輝く丸い月を真珠にたとえたもので、ダイヤモンド富士（p.10）ほどの派手さはありませんが、霊峰・富士の姿と相まって神秘的な雰囲気を感じることができます。

▶ チェックポイント

　月の出・月の入りの方向は、日の出・日の入りの方向と違い、1日で大きく変わります。しかも、太陽と違い同じ月日でも年によってその方向は変わるのです。さらにパール富士は月齢が限定されますから、ダイヤモンド富士にくらべ稀少な現象です。なお、パール富士が見られるのは富士山頂から西側の南北35°以内（月が昇るとき）と東側の南北35°以内（月が沈むとき）です。

▶ 楽しみ方

　ダイヤモンド富士が、その場所でいつ見られるかを調べればいいのに対し（しかもそれは毎年あまり変わらない）、パール富士は満月の日にどこで見えるかを調べることになります。パール富士を満月のときに限定した場合、日本全体で年に十数回しかパール富士を見るチャンスはありませんから、自分が見たい場所で富士山がどの方位に見えるかを確認しておき、満月の日の月没（月出）方向（正確には富士山頂の高さまで昇る［沈む］時の方位）がそれと一致しているかどうかを調べてもいいですね。毎日の月の出の方向は国立天文台暦計算室の Web サイト（p.9参照）で調べることができます。インターネットで検索すると、いつどこでパール富士が見られるかを紹介するサイトもありますよ。

千葉県館山市で撮影されたパール富士。ダイヤモンド富士と違い、富士山の姿もうっすらと見ることができ、その変化も合わせて楽しめます。画像：中西アキオ

19

幸せを呼ぶムーンボウ
月虹

　雨上がりの空に鮮やかな色のアーチを目にすると、なんだか晴れやかな気分になります。ところで夜に見える虹があることは知っていますか？　月虹…そう、月の光によって生じる虹です。ごく稀に月から届く、ささやかな贈り物といったところでしょうか。淡く柔らかな光は、昼の虹にくらべ神秘的に感じられるかもしれません。

▶ **チェックポイント**

　昼の虹は、太陽の光が大気中の水滴によって屈折・分散し、色が分かれて見える現象です。一方、月虹はその名の通り月の光による現象で、月の光が太陽に比べて弱いため、月虹も淡くかすかなものになります。光が弱いため、人間の目には白っぽく見える場合も多いです。明るさ以外は昼の虹と性質は同じで、常に月の反対側に見られますよ。

▶ **楽しみ方**

　大気中に水滴がないと月虹は生じませんから、月虹が見られるのは昼の虹と同じく雨上がりであることが多いです。また、月の光が明るいほど月虹がはっきり見えるため、満月とその前後の月齢の日の方が、月虹が生じやすいといえます。また、月が空高くにあると月虹は生じません。月の高度がおおむね50°以下である必要があります。

　月虹の出現を予想することはむずかしいですが、狙える"場所"はあります。それは大規模な滝の近くです。大量の水が落下することで水しぶきが空に舞い、それらによって月虹が作られるのです。アメリカのナイアガラの滝やザンビアとジンバブエの国境に位置するビクトリアの滝が月虹の名所として知られています。

アイスランドを代表する名瀑、スコゥガフォスで撮られた月虹です。ここは月虹の撮影ポイントとしても有名です。画像：榎本 司

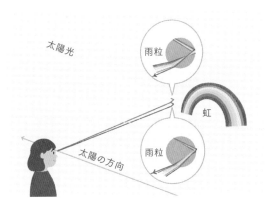

虹が見えるしくみ

光は波長（色）によって屈折率が異なります。大気中に浮かぶ水滴に太陽光が入ると、水滴によって屈折と反射を起こし、太陽光が七色に分かれ虹が見られます。

20

左右に光る幻の月

幻月

　皆さんは「幻日(げんじつ)」という言葉を聞いたことがあるでしょうか。そして、その現象を見たことがあるでしょうか。幻日とは、太陽と同じ高さの、太陽から離れた左右の位置に光が見える現象です。光芒はしばしば虹のように色が分かれて見え、またハロ（暈）を伴うことも珍しくありません。幻日は太陽の光が原因で生じる現象ですが、稀に月でも同様の光芒が見られるケースがあります。それが「幻月(げんげつ)」です。まさに字の如く、月の左右に現れる"幻の月"と言えるでしょう。

▶ チェックポイント

　幻日も幻月も発生原理は同じです。雲の中に六角板状の氷晶があって、かつ上空の風が弱い場合、氷晶は空気抵抗を受けて地面に対しほぼ平行に浮かびます。この氷晶に太陽や月の光が入ることで氷晶がプリズムのようにはたらき、屈折した光は太陽や月から角度で22°離れた位置からやってくるように見えます。これが幻日（幻月）です。太陽や月の地平高度が高すぎると、幻日（幻月）は見られません。なお幻日（幻月）は必ずペアで現れるとは限らず、左右のどちらかだけ見られるケースもしばしばです。

▶ 楽しみ方

　幻月も狙って見ることはほとんどできません。しかし、氷晶が原因で起きる現象ですから、真夏に生じることはほとんどなく、おおむね秋や春に見られることが多いです（俳句では秋の季語です）。また、月が明るくないと幻月は見られませんので、月が半月より満ちている必要があります。

幻月
2013年9月19日に北海道陸別町の銀河の森天文台屋上から撮られた幻月。画像：りくべつ宇宙地球科学館（銀河の森天文台）

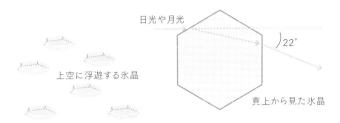

日光や月光

上空に浮遊する氷晶

22°

真上から見た氷晶

幻月のしくみ
六角柱の氷晶が大気中に水平に浮かんでいて、そこに平行に太陽光が入ると、氷晶によって太陽光が22°の角度で屈折し、幻月（幻日）をつくります。

21

クレーター生成の瞬間！
月面衝突閃光

ときに地質学的に死んだ天体とも形容される月ですが、ごく稀に月面の１点が突如として光る現象が見られことがあります。それらは「月面発光現象（LTP）」とよばれ、500年以上前の記録も残されています。

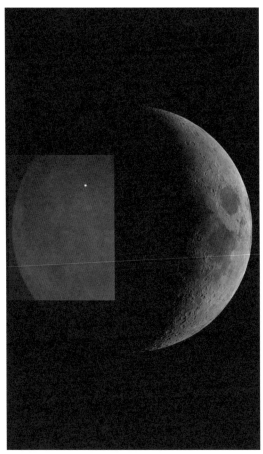

発光時間は数秒〜数時間とさまざまで、かつては月内部に起因する現象（火山噴火など）である可能性も指摘されていました。現在ではその一部が小天体の衝突あることがわかり「月面衝突閃光（LIF）」とよばれています。

2013年3月17日に捉えられた月面衝突閃光

背景の月の全体像のうち、囲みの夜の部分を高感度カメラで撮影することで閃光（白い光点）がとらえられました。画像：NASA

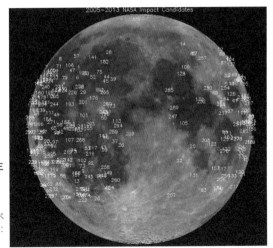

2005年から2013年にとらえられた月面衝突閃光の分布

赤点が2013年3月17日（前ページ）の閃光の位置。画像：NASA

▶ チェックポイント

　地球では、小天体の衝突は流星（p.98）として観察されますが、月には大気がないため流星にはなりません。小天体は燃え尽きることなく高速で月面へと衝突します。そのエネルギーが解放されて光って見えるのがLIFなのです。いわば、クレーターが作られる瞬間の光と言えます。

▶ 楽しみ方

　月面への小天体の衝突は月の昼夜に関係なく起きていますが、その明るさは月面の明るさにくらべ非常に暗いので、月の夜の領域でないと見ることはできません。とはいえ、細い月では地球照の影響を受けてしまいます。観察に適しているのは半月前後でしょうか。また、発光時間は1秒に満たないものが多いです。肉眼で見るのはむずかしく、双眼鏡や望遠鏡などが欲しいところです（それでも見るのは困難ですが…）。

　地球に小大体が多く降り注ぐ日はLIFも多く見られるはずです。すなわち流星群の極大日は月面衝突閃光に出会えるチャンスかもしれません。極大日といい月齢と巡りあった年は、流星群を見る傍ら月を覗いてみるのもいいかもしれません。

22

月の"えくぼ"を見よう！
月のクレーター

　月は望遠鏡で表面の地形（凹凸）を見ることができる唯一の天体です。そのなかでもとくに目立つのがクレーターでしょう。月面に無数に存在するクレーターの姿は千差万別。大きさはもちろんのこと、内部が黒っぽい溶岩に覆われ平坦なもの、中央に高まり（中央丘といいます）があるもの、クレーターの中にさらにクレーターがあるものなど，本当に個性的です。その個性を楽しむのが望遠鏡で月を見る楽しみの1つと言えるでしょう。

　さらに、月のクレーターが織りなすさまざまな"現象"も見逃せません。その筆頭が「月面X」。月面Xは、ブランキヌス、ラカーユ、プールバッハという3つのクレーターへの太陽光の当たり方が月面にアルファベットのX字を浮かび上がらせる現象のことで、年に数回しか見ることができない現象です。ほかにもいろいろと探してみるのもおもしろいですね。

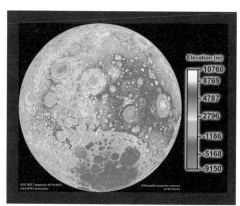

月の地形図
月は意外と起伏が激しく、最高地点と最低地点の標高差は地球よりも大きいです。画像：NASA/GSFC/DLR/ASU

クレーターはその名の通り凹地状の地形です（crater の語源はギリシャ語でボウルや皿という意味の語です）。クレーターの大部分は、小天体の衝突によって作られた地形です。ところが、1960 年代ごろまではクレーターが火山の火口であるという説（火山説）も有力でした。ほとんどが小天体の衝突によって作られたとみなされるようになったのは、アポロ計画などの月探査や地上での衝突実験が進んだ 1970 年代以降のこと。クレーター自体は 1609 年にガリレオが望遠鏡で月を観察して"発見"していますが、その正体が明らかにされたのは、実はつい最近なのです。

▶ 楽しみ方

クレーターを見るには双眼鏡や望遠鏡が必要です。"クレーターめぐり"をするのであれば、それなりに高い倍率で見た方が細かい構造＝個性がわかりやすく楽しめるでしょう。また、クレーターは月の欠け際にある方がより立体的に見えます。欠け際は月の昼と夜の境界…クレーターに浅い角度で光が当たるので影が長く伸び立体感が増すのです。ということは、満月前後の月はクレーター観察には向かない、ということになりますね。

月面X
隣接するクレーターの縁のてっぺんだけに光が当たってこのような模様を見せてくれます。画像：中西アキオ

23

うさぎの餅つきだけにあらず
満月の模様

　地上を煌々と照らす満月。その光は、街灯などがなくても本が読める
ほどに明るく、私たちの影が地面に落ちるほどです。ところが、月の"正
面"から太陽光が当たっている満月は月面に月の地形の凹凸に由来する
影が落ちず、立体的に見えないため望遠鏡での観察には不向きです。と
はいえ、満月前後しか見ることができないものもあります。その1つ
が月面にある暗い模様の全体像です。

　日本でしばしば「月にはウサギがいて餅をついている」などと言われ
るのは、月面の模様が餅をついているウサギの姿に見えるから。満月の
模様は、世界中でさまざまな事物に見立てられてきました。カエルにカ
ニ、ワニやロバ…、なかには月の暗い模様ではなく白っぽい明るい模様
を女性の横顔に見立てた例も。ほかにもいろいろなバリエーションがあ
りますから、それらを調べるとともに、自分だったら…と考えてみるの
も一興でしょう。

▶ チェックポイント

　月面の暗い模様の正体は"海"とよばれる地形です。もちろん月の表
面には液体の水はありません。しかし、初めて望遠鏡で月を見たガリレ
オは、月の暗い部分は水を湛えた海だと信じていたそうです。暗い模様
に"海"と命名したのはガリレオと同時代の天文学者ケプラーです。

　海の正体は、玄武岩という黒っぽい岩石やそれらが砕けてできた砂に
覆われた平坦な地域です。月が誕生してしばらく経ったころ、小天体が
月に衝突、巨大な凹地をいくつも作りました。そこに月内部から噴出し
たマグマがたまり、凹地を埋めて平原に変えました。こうして誕生した
のが"海"、つまりウサギの餅つきに見える模様なのです。

日本：餅をつくうさぎ

南アメリカ：ワニ

**月の模様の
さまざまな見立て**

皆さんは何に見えますか？ 何時に満月を見るかで模様の向きも変わるので、それによっても見立てが変わるかもしれません。

南ヨーロッパ：カニ

中南米：ロバ

▶ 楽しみ方

　月の模様を見るのに、特別な道具はいりません。ただ満月の日を選んで夜空を見上げるだけです。満月の日はカレンダーや天文雑誌などで調べることができますね。肉眼で見る満月の見かけの大きさ（視直径）は小さいので、双眼鏡や望遠鏡で見た方が模様はわかりやすいです。満月はとっても明るいので、眩しすぎるかもしれません。減光のための ND フィルターをつけるなど、工夫を施すと見やすくなりますよ。

クレーターの若さの証？
光条

　月の暗い模様 " 海 " に加え、満月前後の月だからこそ見えるもののひとつが「光条」です。その名の通り明るく見える筋模様で、いくつかのクレーターを中心に四方八方へと伸びています。とくにティコとよばれるクレーターの光条はたいへん目立ち、満月の印象を決定づける要因の1つ、と言っても過言ではないでしょう。

▶ チェックポイント

　光条は、月面に小天体が衝突してクレーターが作られた際の噴出物だと考えられています。一般的に光条を持つクレーターは若いとみなされていますが、光条の明るさは噴出物に含まれる酸化鉄の含有率などにもよるため、必ずしも光条の明るさとクレーターの年齢は一致しないと言われています。一方で、光条の"重なり具合"からクレーターの新旧を推定することができます。例えば、コペルニクスの光条はオイラーの中を横切っていますから、オイラーよりもコペルニクスの方が新しいクレーターであることがわかるのです。

▶ 楽しみ方

　光条はどのクレーターにも見られるわけではありません。光条が見やすいクレーターの代表格はティコ、コペルニクス、そしてケプラーでしょう。とくにティコの光条は非常に明るく長大で、長さは 1,500 km にも及びます。目を凝らせば望遠鏡を使わなくても見えるかもしれません。ティコはかなり新しいクレーターで、作られたのは 1 億年ほど前であることがわかっています。ティコの直径は約 85 km。これだけのクレーターを作った小天体の衝突はかなり大規模だったはずです。

オイラー

コペルニクス

ケプラー

ティコ

満月の全体像
ティコやコペルニクスから四方八方に筋状の模様が見られます。これが光条です。

月の裏側

　皆さんは、夜空にかかる月の模様がいつもほとんど変わらないことにお気づきでしょうか？　実は、月は常に同じ面を地球に向けて公転しています。これは月そのものが一回転する自転の周期と月が地球の周りを回る公転の周期が一致しているためです（どちらも約27日）。そのため、地球からはどうやっても月の裏側を見ることができず、月面の半分ほどしか私たちは目にすることができません（正確には「秤動」という月が首を振るような運動のおかげで、月面の約59％を見ることができます）。なので、裏側を見たいと思ったら宇宙船に乗って月まで行かないといけません。

　2023年7月現在、有人月着陸を目指すアルテミス計画がアメリカを中心に進められていますが、誰もが気軽に月旅行に行けるようになるのは、まだ先のことでしょう。それまでは日本の月探査機「かぐや」が撮影したハイビジョン映像で、月の裏側の様子を楽しむことにしましょう。

【参考】
かぐや(SELENE) ハイビジョンカメラ アーカイブ
https://darts.isas.jaxa.jp/planet/project/selene/hdtv/menu.html.ja

Chapter 3

惑星の
見どころ

目指せ5惑星コンプリート

肉眼惑星

　太陽の周りを公転している、地球とその兄弟星である8つの惑星たち。「水金地火木土天海」と覚えている人も多いと思います。これら8惑星のうち、空に肉眼で見えるのは水星・金星・火星・木星・土星の5つ（天王星は肉眼でもぎりぎり見える明るさですが、かなり視力がよくないと見えませんので、本書では上述の5つを肉眼惑星としています）。

　その名の通り夜空の星ぼし（恒星）の間を惑うように動いていく惑星。その明るさも相まって空では目立つ存在です。ぜひ肉眼で見える5惑星をコンプリートしてみましょう。

▶ チェックポイント

　地球での見え方という点で、太陽系の惑星は外惑星と内惑星の2つに分けることができます。地球より外側の軌道を公転している火星〜海王星が外惑星、地球より内側の軌道を公転している水星と金星が内惑星

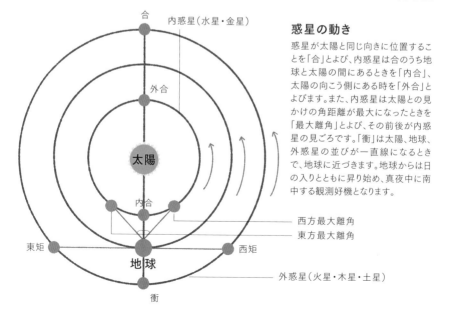

惑星の動き

惑星が太陽と同じ向きに位置することを「合」とよび、内惑星は合のうち地球と太陽の間にあるときを「内合」、太陽の向こう側にある時を「外合」とよびます。また、内惑星は太陽との見かけの角距離が最大になったときを「最大離角」とよび、その前後が内惑星の見ごろです。「衝」は太陽、地球、外惑星の並びが一直線になるときで、地球に近づきます。地球からは日の入りとともに昇り始め、真夜中に南中する観測好機となります。

明るく輝く金星

宵の明星ともよばれる金星
は、しばしば一番星として日没
後すぐに見つけることができま
す。金星のすぐ右上に見える
星はおとめ座の1等星スピカ。
画像：中西アキオ

衝のころの木星

外惑星は衝のころにもっとも
明るくなります。木星の下に見
えるのはさそり座です。画像：
中西アキオ

です。詳しくは図を見てみてください。

▶ **楽しみ方**

　夜空を彷徨う惑星は、星座早見盤や星図にはその位置は書かれていま
せん。毎年決まった時期に見られるわけでもありません。いつどこに惑
星が見えるのか、年鑑類や天文雑誌などで事前に調べる必要があります。

　外惑星は衝の日から数ヵ月が見ごろです。衝の日の惑星は日没ととも
に昇り、また一晩中空に出ているからです。木星と土星は毎年のように
衝となりますが、地球に近い火星が衝となるのは約2年2ヵ月ごとで
す。意外と見やすい時期が短いので注意しましょう。

　内惑星は、夕方～宵の西の空か、未明～明け方の東の空にしか見るこ
とができません。とくに見るのが難しいのは水星です。空が暗くなりき
っていない時間帯に空の低いところにしか見えませんから、太陽から離
れて見やすくなる最大離角の前後数日、地平線近くまですっきりと晴れ
ている日に探しましょう。

遠方の惑星たちを望む

天王星と海王星

　地球を除く太陽系の7つの惑星のうち、5つが肉眼で見えることは前項でご紹介しました。残る2つ、つまり天王星と海王星を見ることができれば、全惑星をコンプリートできます。が、残り2つがなかなかに難しい…。なぜなら非常に暗いからです。でも双眼鏡があれば、点像ではありますが見ること自体はできます。あとは見つけられるかどうか。それでも、地球以外の惑星7つを全部見たことある、というのはけっこう自慢できることだと思います。ぜひチャレンジしてみませんか？

▶ チェックポイント

　天王星や海王星が暗いのは、ひとえに地球からの距離が遠いからです。もっとも地球に近づいたときでも、天王星は25億km以上、海王星に至っては43億km以上離れています。"太陽の光をはね返して光っている"天体としては、双眼鏡で見ることができるのは海王星が最遠でしょう。挑戦のしがいがありますね。

▶ 楽しみ方

　天王星と海王星の平均的な明るさはそれぞれ5.5等級と7.9等級です。天王星は数字だけ見れば肉眼でも見えるのですが、やはり双眼鏡が欲しいところです。とはいえ、例え双眼鏡があってもいきなり天王星や海王星を視野に入れるのはむずかしいので、見やすい天体に近づいたときを狙うといいでしょう。目印となるのは月や肉眼で見える惑星、1等星2等星などです。例えば天王星は2024年の夏以降数年はおうし座の領域に位置するので、プレヤデス星団（すばる）や1等星アルデバランと双眼鏡で同視野に入る機会が増えます。海王星はしばらくうお座の領域に

位置するのでめぼしい天体には近づきませんが、ほかの惑星と同じ視野に入るチャンスは何回もあります。チャンスは逃さないようにしましょう。ちなみに、見たい日時に惑星がどの位置にあるかを調べるには、国立天文台HPにある「暦計算室」（p.9参照）が便利です。惑星のほか、月や太陽の位置も調べられます。

双眼鏡で見た天王星のイメージ
中心の〇字の中央が天王星です。双眼鏡では周囲の星と区別がつきませんが、星の並びを星図と見くらべて探してみましょう。画像：中西アキオ

天王星
ケック望遠鏡が赤外線でとらえた天王星。帯状の斑点模様は天王星の雲。画像：Lawrence Sromovsky, University of Wisconsin-Madison/W.W. Keck Observatory

27

小粒でもピリリと辛い？
衛星

　衛星とは、"太陽の周りを回っている天体（惑星、準惑星、小惑星）"の周りを回っている天体です。天体観察という観点から、ここでは木星と土星の衛星だけを取り上げましょう。

　太陽系の8つの惑星のうち、水星と金星を除く6惑星が衛星を持っています。しかも、地球以外の5惑星は複数の衛星を持ち、2023年6月20日現在、最多の衛星数を誇る土星には149個もの衛星が確認されています。それらは個性豊かで、中には活火山がある、地下に海があって生命が存在する可能性がある、なんていう天体もあります。私たちは衛星を光の点としてしか見ることができませんが、その中にさまざまな科学が詰まっているのです。

▶ チェックポイント

　太陽系内には直径が1,000 kmを超える衛星は7つ、月より大きい衛星は4つあります。とはいえ、それらは月を除いて地球から数億km以上彼方にあるため、残念ながら地球以外の衛星を肉眼で見ることはできません。

　双眼鏡を使うと木星の四大衛星（イオ、エウロパ、ガニメデ、カリスト。＝ガリレオ衛星）と土星の衛星ティタン（タイタン）を惑星に寄り添う光の点として見ることができますよ（口径10 cmほどの望遠鏡を使えば土星の衛星はあといくつか見ることができます）。

▶ 楽しみ方

　衛星、とくにガリレオ衛星を見る楽しみは、やはり位置の変化を追うことにあるでしょう。イタリアの科学者ガリレオは望遠鏡で木星を観察

木星の四大衛星
木星と四大衛星（ガリレオ衛星）。撮影：2021年6月13日。画像：石橋力

し、その周囲の光の点が位置を変えることに気づき、地動説を確信した
と言われています（これがガリレオ衛星とよばれるようになった理由で
す）。つまり、彼の追体験ができるというわけです。光点のどれがどの
衛星かは『天文年鑑』や各種 Web サイト、シミュレーションソフトで
確かめることができますよ。

【参考】
Jupiter Tool（ガリレオ衛星の見え方・位置のシミュレーションに便利）
http://www.ncsm.city.nagoya.jp/astro/jupiter/

28

夜空でのランデブー

惑星の会合

　肉眼5惑星は1つだけでも夜空で圧倒的な存在感を放ちますが、それらが夜空で接近して見えたり、並んで見えたりすると（これを会合といいます）とてもよく"映え"ます。ときには3つ4つの惑星に月が加わることがあって、非常に豪華な光景を見ることができます。しかも、その光景は一期一会。もっとも気軽に楽しめる天文現象の1つと言えるでしょう。

▶ チェックポイント

　太陽から離れた軌道を回る惑星ほど、夜空での動きがゆっくりになります。そのため、夜空での惑星の位置は日々変化し、ある惑星が別の惑星へ近づいて見えたり、離れていくように見えたりするわけです。惑星はおおむね黄道（空における太陽の見かけの通り道）に沿って動くので、ときには惑星同士がくっつかんばかりに近づいて見えることもあります。

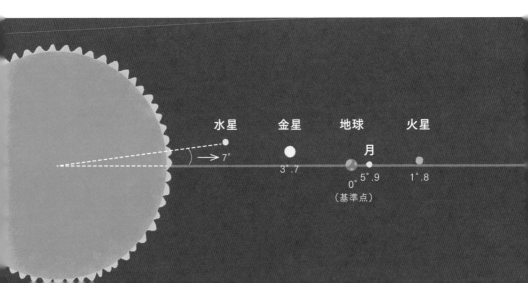

また、月は1ヵ月で地球の周りを1週し、その通り道（白道）はほぼ黄道に沿っているため、しばしば惑星のそばを通り過ぎていきます。月は満ち欠けしますから、同じ惑星に近づいても、そのときどきで違う表情を見せてくれますよ。

▶ 楽しみ方

　遠くの惑星は動きが遅いため、実は会合する機会があまりありません。例えば木星と土星が次に見かけの満月の直径以下まで近づくのは2080年3月です。やはり見やすいのは月と惑星の会合でしょう。程度の差はあれど、毎年、何回かは見るチャンスがあります。会合はメジャーな現象なので、検索すればいつが見ごろなのかといった情報はすぐ得られますし、『天文年鑑』に載りますので、年始に一年の計画を立てるといいかもしれませんね。

　月や惑星の会合は肉眼でも充分に楽しめます。月も惑星も明るいのでスマホなどでかんたんに写真を撮ることもできますよ！

惑星と月の軌道の傾き

地球の公転軌道を0とした場合。惑星の軌道がそれぞれ傾いている（角度を示した数値が公転軌道面の傾斜角）ため、次項の惑星による惑星の掩蔽が滅多に起こりません。（惑星の距離や大きさはデフォルメしています）

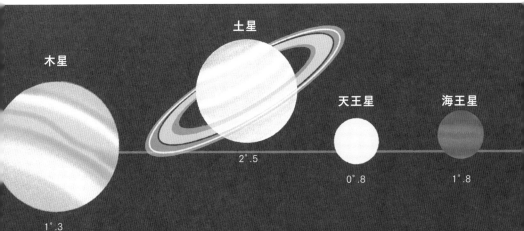

木星　1°.3
土星　2°.5
天王星　0°.8
海王星　1°.8

木星と土星の会合
明るい方（右）が木星。この年の12月には、木星と土星が80倍程度の望遠鏡の同一視野に収まるほど接近して見えました。画像：中西アキオ

近づいて重なって
惑星による掩蔽

　ある天体がある天体を完全に隠してしまう現象を「掩蔽」といいます。
夜空を"惑う"惑星も、ごく稀に別の天体の前を横切って隠す、つまり
掩蔽することがあります。月による掩蔽（星食 [p.42]）はさほどめず
らしくありませんが、惑星が別の惑星や恒星を掩蔽することはめったに
なく、一生に一度、見られるかどうかという貴重な天文現象なのです。

▶ チェックポイント

　月と違って見かけの大きさが小さい惑星は、なかなか恒星や他の惑星
を隠すことができません。暗い星であれば隠す機会は増えますが、おも
しろみに欠けます。

　惑星が明るい恒星を隠す掩蔽は直近だと 2035 年 2 月 17 日に（金星
が 2.9 等星のいて座 π 星を隠す）、惑星が惑星を隠す掩蔽は 2065 年 11
月 22 日に（金星が木星を隠す）起こりますが、残念ながらいずれも地
上からの観測は現実的にはむずかしいでしょう。

▶ 楽しみ方

　仮に惑星による掩蔽が見られたとしても、肉眼では明るい星同士が互
いに近づき、やがて重なり、その後離れていくようにしか見えません。
双眼鏡でも同様で、やはり望遠鏡が欲しいところです。

　望遠鏡であれば、面積を持って見える惑星が恒星を隠したり、やはり
面積を持って見える惑星を隠したりするなど、臨場感あふれる光景を目
にすることができるでしょう。とくに木星や土星が隠される掩蔽の場合
は、衛星も次々と隠されるので時間変化をより楽しむことができます。
海外まで遠征する価値があるかもしれません！

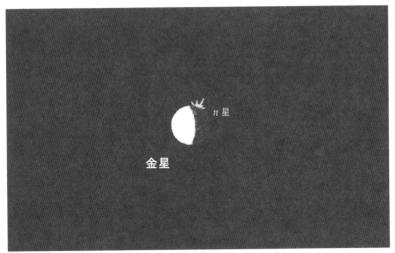

2035年2月17日に金星がいて座π星を掩蔽（シミュレーション）

掩蔽帯の中心は地球の外になり、掩蔽帯の北限付近が南極大陸にかかっています。しかし、南極大陸のほとんどの地域も日中ですので、この現象を地球上で観測することは現実的に無理でしょう。掩蔽前後の金星といて座π星の接近した様子は地球上の各地で観察できます。計算：早水 勉

2065年11月22日の金星による木星の掩蔽（シミュレーション）

金星が木星と部分的に重なる「部分食」となります。アフリカ全土と南アメリカ全土で、日中に起こる現象です。日中であることに加えて、太陽からの離角はわずか 8°しかなく、観測は無理なのではないかと思われます。この現象も掩蔽前後の金星と木星が極めて接近した様子を明け方の超低空で観察できます。計算：早水 勉

青空に目を凝らせ

白昼の金星

　太陽、月に次いで明るく見える金星は、明るさが最大で− 4.7 等にもなり、実は"昼間"でも"肉眼で"見ることができます。何の道具も使わずに青空の中に光の点を見ることはなかなかに難しいですが、見えた瞬間は感動するもの。ぜひチャレンジしてみてください。

▶ チェックポイント

　太陽の周りを回っているため地球との位置関係が変化する金星ですが、もっとも明るく見えるのは地球にもっとも近づいた時ではありません。なぜなら地球にもっとも近づいたときは太陽と地球の間に金星が位置するとき、つまり内合です（p.62 参照）。金星の明るい面が地球からはほとんど見えないのです（月でいえば新月に相当します）。一方で、金星の光っている面がすべて見えるのは金星が地球から見て太陽の向こう側にいるとき（外合）。見にくいだけでなく、地球からもっとも遠いときなので見かけの大きさがとても小さいです。もっとも明るく見える「最大光度」は内合の前後、金星が太めの三日月形に見えるときなのです。

▶ 楽しみ方

　白昼の金星を見るには、最大光度前後のよく晴れて空が澄んでいる日がいいでしょう。太陽に近いので、肉眼でうっかり太陽を見てしまわないように、日陰に入って見るのがおすすめです。初めのうちは真っ昼間に見るのではなく、少し日が傾いたころに観察してコツをつかむといいでしょう。

※太陽を直接見るのは危険です。絶対にやめましょう。

青空に浮かぶ金星

空がよく晴れていれば意外とコントラストは高く、視力1くらいでも簡単に見つけられますよ。なるべく目のピントを遠くに合わせるようにすると見つけやすいです。画像：中西アキオ

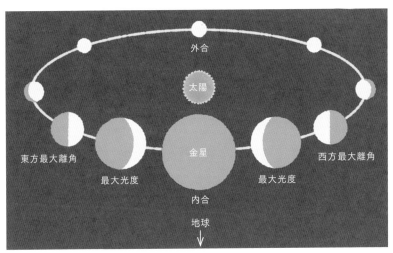

金星の公転と満ち欠け

地球から金星を見ると、形だけでなく見かけの大きさも変化する。最大光度の日付はWebサイトによって異なることがあるが、それは計算方法の違いによる。

31

千変万化の縞と帯
木星の縞の変化と大赤斑

　木星最大の特徴といえば、口径6〜8cm程度の望遠鏡でも見ることができる縞模様です。一見すると2本の茶色い帯にしか見えませんが、慣れてくるとその複雑な様相を目の当たりにすることができます。

　大赤斑とよばれる丸い模様が見えるか見えないかも木星を見る楽しみに1つ。木星表面の模様は、見れば見るほどおもしろくなります。

▶ **チェックポイント**

　木星の縞模様は茶色に見える「縞」と白色に見える「帯」とに分けられます。木星の縞模様の正体は"雲"で、その高さや含まれる成分の変化が色の違いを生み出し、木星上空に吹く強い風が縞模様を作っていると考えられています。南赤道縞付近に見られる大赤斑は高気圧性の雲の渦。少なくとも百数十年前から存在し続けています。

　木星の縞模様はときおり大きな変化を見せ、2010年には南赤道縞が消えてしまう"事件"が起きました。決していつも同じ表情の退屈な惑星ではないのです。

▶ **楽しみ方**

　木星の縞模様を見るには口径8〜10cm程度の望遠鏡が必要です。50〜60倍の低倍率でも慣れれば細かい模様まで見ることができるようになります。大赤斑がいつ"オモテ側"に回ってくるかは、シミュレーションソフトやWebサイト（p.67）などで確かめましょう。木星自体は、時刻を問わなければ1年のうち半年間は見ることができます。

木星大赤斑

2021年の木星の大赤斑（矢印部）。2021年8月29日撮影。画像：熊森照明

南赤道縞

北赤道縞

木星の模様のダイナミックな変化

左が2011年7月9日、右が2010年8月16日に撮影されたもの。いくつかの縞が濃くなったり薄くなったりしていることがわかります。画像：山崎明宏

1000年に一度の大事件？
木星面発光

　近年、アマチュア天文家や天文学者によって、木星の表面の一点が発光する現象が時折とらえられるようになってきました。これを「木星面発光」や「木星閃光現象」といいます。その多くが自動撮影のデータを後から見直して検出されたものですが、中には眼視観察中にリアルタイムで目撃された例もあります。地上から木星面発光が検出された例は2023年8月現在9例。熱心に木星を見続けると、皆さんも歴史の目撃者になれるかも…？

▶ チェックポイント

　木星面発光の正体は、木星への小天体の衝突です。木星への天体の衝突と聞くと、1994年のシューメーカー・レヴィ第9彗星（SL9）の木

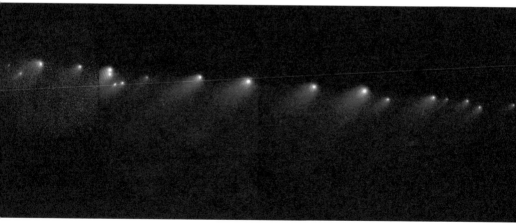

シューメーカー・レヴィ第9彗星
過去に木星に接近した際、その潮汐力によって核が21個の破片にわかれ、それらが次々と木星に衝突していきました。画像：H. Weaver (JHU), T. Smith (STScI), NASA

衝突時の閃光
ハッブル宇宙望遠鏡によってとらえられたSL9の衝突による閃光。衝突核によってはガリレオ衛星よりも明るくなったと言われます。画像：NASA/JPL

星衝突を思い出す人もいるかもしれません。当時、ハッブル宇宙望遠鏡などの観測で衝突に伴うキノコ雲がとらえられたほか、小望遠鏡でも衝突痕が見えたことは多くの人に驚きを与えました。最大の破片の衝突による爆発は、地球上のすべての核兵器を1度に爆発させた場合のエネルギーの数百倍に及んだそうです。

▶ 楽しみ方

　木星面発光がいつ起こるか、SL9のときのように事前に衝突する天体が発見されない限り、その予報は難しいでしょう。とはいえ、それを見るためだけに木星を何時間も望遠鏡で見続けても見られるものではありません。木星面発光をリアルタイムに観察した例は、偶然と幸運が重なった結果と言えるでしょう。

　木星面発光の継続時間は長くても数秒。もし、それらしき閃光を見た場合は、すぐさま時刻と発光位置を記録し、国立天文台や公開天文台などに報告してみてください。

33

衛星たちのかくれんぼ？
ガリレオ衛星の相互食

木星の四大衛星たるガリレオ衛星（イオ、エウロパ、ガニメデ、カリスト）は、それぞれの周期で木星の周りを回っています。そのため、ある衛星が別の衛星の背後に隠れたり、ある衛星の影に別の衛星が入り込んだりすることがあります。これが「ガリレオ衛星の相互食」です。

▶ チェックポイント

ガリレオ衛星の相互食は、6年ごとに観測シーズンがやってきます。これは木星がわずかに傾きながら太陽の周りを回っていて、木星の赤道にほぼ沿った衛星たちの軌道面を、木星の公転周期12年の半分ごとに真横から見る形になるためです（p.84～85で紹介する土星の環が消失する原理と同じです）。

ガリレオ衛星の相互食には、衛星そのものが別の衛星を隠す「掩蔽」と、衛星の影に別の衛星が入る「食」とがあります。それぞれに皆既食、金環食、部分食があり、そのどれが起きるかによって衛星が暗くなる、または見えなくなる、といった違いが現れます。

▶ 楽しみ方

ガリレオ衛星は双眼鏡で観察することができますが、相互食はできれば望遠鏡で観察したいものです（双眼鏡で観察する場合は三脚を使用するといいでしょう）。現象の継続時間は数分から数十分。ある衛星が完全に見えなくなるケース（皆既食）もあれば、10％くらいしか暗くならない部分食もあり、現象によってまちまちです。なので相互食のたびに違う楽しみ方ができるでしょう。

次のガリレオ衛星の相互食のシーズンは2026～2027年です。近づ

ガリレオ衛星
右からカリスト、ガニメデ、イオ、エウロパ。ガニメデは太陽系最大の衛星で、大きさは惑星である
水星以上です。画像：NASA/JPL/DLR

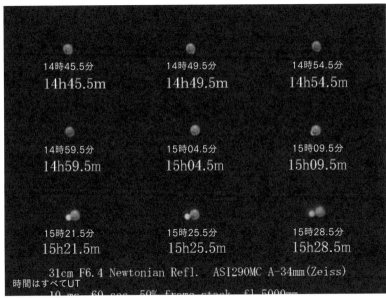

2021年8月22日のガニメデによるエウロパの掩蔽
このときはガニメデの背後にエウロパが隠れ（部分食）、エウロパが0.5等ほど暗くなりました。
画像：石橋 力

けば天文雑誌等で特集が組まれるでしょうが、先に紹介した
「Jupitertool」（p.67参照）も便利です。それらの情報を頼りに観測計
画を立ててみてください。

15〜17年に一度のビッグイベント
火星の大接近

　赤い惑星、火星。軍神マルスの名を持つこの惑星は、実は意外と見にくい惑星です。その原因の1つは、火星が小さいことでしょう。大きさ（直径）は地球の半分ほどしかありません。そんな火星を見るチャンスが訪れるのは、地球と火星が近づくとき。とくに大きく近づく"大接近"のときには、夜空で月、金星に次ぐ明るさとなります。

▶ チェックポイント

　火星は地球のすぐ外側を公転する惑星です。そのため、地球との位置関係は木星や土星にくらべ日々大きく変わっていきます。地球と火星が近づくのは、遅い火星に地球が近づき追い越すとき。その周期はおよそ2年2ヵ月ごとで、地球から火星を見るチャンスも2年2ヵ月にごとにやってきます。さらに、火星の公転軌道はほかの惑星とくらべ大きくつぶれているため、15〜17年に一度、地球と火星はとくに大きく近づきます。これが「火星大接近」です。

▶ 楽しみ方

　接近時の火星は、肉眼でも充分に楽しめます。まずは明るさの変化、そして星座を作る星の間を縫うように動く位置の変化です。

　望遠鏡で見る機会があれば、表面の模様をじっくり観察してみましょう。大シルチスなどの黒っぽい模様や、極冠とよばれる極域の白い模様を、大接近時はとくに簡単に見ることができます。火星を望遠鏡で見慣れていなくても大丈夫。数年かかりますが、大接近と小接近で見た目がどれくらい変わるか、肉眼で、望遠鏡で、比較してみるのもいいかもしれません。

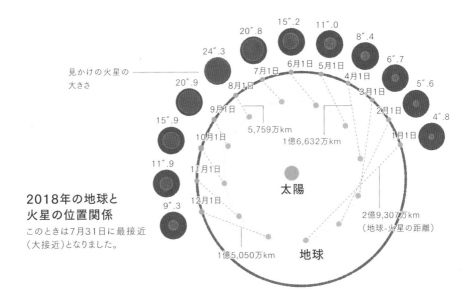

15″.2　11″.0

20″.8

24″.3　　　　　8″.4

6月1日　5月1日

7月1日

見かけの火星の
大きさ　　　　　20″.9　　8月1日　　　　　　　　　4月1日　6″.7

9月1日　　　　　　　　　3月1日

15″.9　　　　　　　　　　　　5,759万km　　　2月1日　5″.6

10月1日　　　　　　1億6,632万km　　1月1日

11″.9　11月1日　　　　　　　　　　　　　　　4″.8

2018年の地球と
火星の位置関係

このときは7月31日に最接近
（大接近）となりました。

12月1日

太陽

2億9,307万km
（地球-火星の距離）

地球

1億5,050万km

小接近と大接近の
見かけの大きさの違い

小望遠鏡で火星の模様を見るなら、や
はり大接近時が狙い目です。右の2つ
の火星像は、小接近となる2027年の
最大時（左）と大接近となる2035年の
最大時（右）の視直径を比較したもの
です。

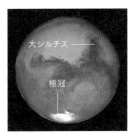

大シルチス ―――

極冠

13.8″（2027年最大）　　　24.6″（2035年最大）

2040年までの火星接近予定表

年月日	時刻（日本時間）	地心距離	視直径（秒角）	明るさ（等）
2025年1月12日	22時37分	9,608万km	14.6	-1.4
2027年2月20日	9時13分	1億142万km	13.8	-1.2
2029年3月29日	21時55分	9,682万km	14.5	-1.3
2031年5月12日	12時49分	8,278万km	16.9	-1.7
2033年7月5日	20時18分	6,328万km	22.1	-2.5
2035年9月11日	23時20分	5,691万km	24.6	-2.8
2037年11月11日	16時59分	7,384万km	19	-2.1
2039年12月28日	23時45分	9,139万km	15.3	-1.5

35

30年かけてコンプリート!?
土星の環の変化

　土星の最大の特徴と言えば、壮麗な環（リング）でしょう。口径6〜8cm程度の望遠鏡で見てもその存在がわかり、大望遠鏡で高倍率で見た姿の美しさは、誰もが感嘆の声を上げるほどです。一目見ただけでも満足できる土星の環ですが、さらに毎年の変化を追うと楽しめるでしょう。土星の環は、地球から見ると毎年傾きが変わって見えるのです。そして、なんと環が見えなくなることも!?

▶ チェックポイント

　土星の環は、その公転軌道面に対して26.7°ほど傾いています。そして、その傾きを維持したまま太陽の周りを約29.5年かけて公転しています。そのため、地球と土星の位置関係によって土星の環を見込む角度が変わり、土星の見た目も約29.5年の周期で変化するのです。

　土星の環は非常に薄く、主要な環であるA環やB環は厚みが数十mしかありません。そのため、真横から見ると環はほとんど見えなくなってしまいます。これを「環の消失」といいます。また太陽から見て環が真横になるタイミングでは、環に太陽光がほとんど当たらなくなるため暗くなり、やはりほとんど見えなくなってしまいます。

▶ 楽しみ方

　土星の環を見るには望遠鏡が必要です。詳しく観察するには、倍率は100倍は欲しいところ。なので、望遠鏡の口径も6cm…、できれば8cm以上は欲しいところです。より大きな望遠鏡で、倍率を150倍以上に上げて見ると環の中に"隙間"を見ることができるでしょう。

　土星の環の消失は、いつ起こるかを調べておくことが大事です。本書

が出たタイミングだと、直近は 2025 年 3 月 24 日と同 5 月 7 日ですが、前者は見かけ上、土星が太陽に近く、ほとんど見ることができないでしょう。その次は 2038 ～ 2039 年で、環の消失が 4 回起こり、とくに 2039 年 1 月 23 日や同 4 月 2 日は見やすくておすすめです。

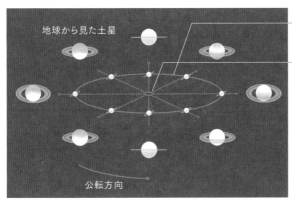

土星の公転軌道
（公転周期約30年）

地球の公転軌道
（公転周期1年）

土星の環の傾きが変わるしくみ

環の北側が見える時期が15年続き、真横になった後、今度は環の南側が見える時期が15年続きます。

2003年から2018年までの環の変化

皆さんはどの見え方が好きですか？
画像：熊森照明

2009

2003

2013

2007

2018

36

太陽を横切る黒い影
内惑星の太陽面通過

太陽の表面を黒い丸い何かが横切っていく…。その形は黒点とは異なりほとんど真円です。また黒点と違って数時間で太陽の端から端へと抜けていってしまいます。

その"黒い丸"の正体は水星または金星です。地球から見て水星や金星が太陽の前面を横切っていくように見える現象を「水星（金星）の太陽面通過」とよびます。

▶ **チェックポイント**

地球より太陽に近い軌道を公転する惑星、すなわち内惑星は、地球から見て太陽と同じ方向にやってくることがあります。惑星が太陽と同じ方向に位置することを「合」と言い、内惑星が地球から見て太陽の手前側にくることを「内合」と言います（p.62）。太陽面通過が見られるのは内合のとき。ところが、内合のたびに太陽面通過が起きるわけではありません。太陽系の惑星たちはほとんど同じ平面を公転しているとはいえ、その軌道面は地球の公転面に対してわずかに傾いています。そのため太陽面通過は滅多に起こらず、金星の太陽面通過にいたっては20世紀には1回も起きていないのです（21世紀には2回起こりますが、いずれももう終わってしまいました）。

▶ **楽しみ方**

内惑星の太陽面通過を見ることは太陽を見ることと同義です。ですから、正しい方法で見ないと目を傷めてしまいます。望遠鏡で観測するなら、太陽観察用の減光フィルターや太陽投影板などを使って、安全に観察するようにしましょう。さらに、水星の太陽面通過の場合、水星の見

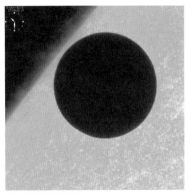

**太陽観測衛星「ひので」が捉えた
金星の太陽面通過**

黒点と違い、金星の"影"なのでほぼ真円で
真っ黒に見えます。画像：NAOJ/JAXA

**国際宇宙ステーションから見た
金星の太陽面通過**

金星は見かけの大きさが大きいので、日食グ
ラスを使えばかろうじて眼視でも見ることが
できます。画像：NASA

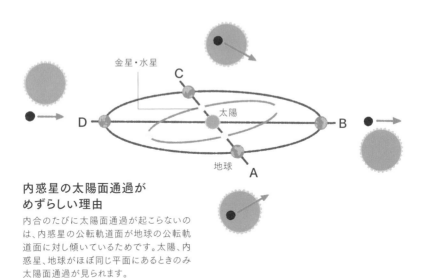

**内惑星の太陽面通過が
めずらしい理由**

内合のたびに太陽面通過が起こらないの
は、内惑星の公転軌道面が地球の公転軌
道面に対し傾いているためです。太陽、内
惑星、地球がほぼ同じ平面にあるときのみ
太陽面通過が見られます。

かけの大きさが非常に小さいため肉眼ではまず見ることができません
（金星はかろうじて見られます）。観察には望遠鏡が必要です。

火星での日食

　衛星を持つ惑星だからといって、必ずしも日食が見られるとは限りません。遠くの惑星ほど太陽の見かけの大きさが小さくなりますし、衛星も小さな不定形のものが多く、起こる頻度が格段に小さくなってしまいます。そのため、現実的に私たちが太陽系のほかの惑星で日食を見る機会があるとすれば、それは火星においてでしょう。

　火星にはフォボスとデイモスという2つの衛星があります。直径（長径）はフォボスが27 km、デイモスが15 kmと、地球の月にくらべると圧倒的に小さいですが、フォボスは火星表面から約6,000 kmという近い軌道を公転しているため部分日食や金環日食を起こします。ただし、フォボスはその形がいびつなので、私たちが地球で見る日食とは様相が変わりますが…。

　デイモスはフォボスより小さく、かつ火星から離れているので、日食というよりは太陽面通過といった感じでしょうか。どちらも火星探査ローバーによって、その様子が撮影されています。なお、フォボスもデイモスもかなりの速さで火星の周りを公転しているので、フォボスによる日食は長くても30秒ほどで、デイモスの太陽面通過も長くても2分ほどで終わってしまいます。人類が火星に降り立っても、あまり話題にはならないかもしれませんね。

Chapter 4

太陽系小天体の見どころ

予想できない天文現象の代表？

彗星

　ほうき星ともよばれ、長く尾をたなびかせて夜空を動いていく彗星。その姿は千差万別。同じ彗星でも太陽や地球との位置関係によって見た目の形を日々変えていきます。そもそも尾は長く伸びるのか？　どれくらい明るくなるのか？　これらは彗星がやってくるまでわかりません。大彗星になったものもあれば期待外れに終わった彗星も数多くあります。むしろ、どのような姿を見せてくれるのか、やきもきしながら見守るのも彗星の楽しみ方と言えるでしょう。

　さらに一部の彗星を除き、いつ現れるかもわかりません。あなたがこの本を読んだ翌日に新彗星が発見され、それが歴史に残るような大彗星になるかもしれないのです。"待つ楽しみ…"、これも彗星の楽しみ方かもしれません。

▶ **チェックポイント**

　彗星の正体は、太陽系の果てからやってくる氷の塊です。その本体は核とよばれ、氷（水に限らず二酸化炭素やメタンの氷も）と塵が混ざった天体です。しばしば"汚れた雪玉"とも"凍った泥団子"とも言われます。何かのきっかけで軌道が変わって太陽に近づくと、氷が昇華し核の周りにボーっと明るいガスや塵の取り巻き（コマ）を作ります。さらに太陽風（p.24）や太陽光の圧力によって塵やガス（イオン）が流され尾を作るのです。なので、彗星核の大きさや形、太陽や地球との位置関係などによってどこまで明るく見えるか、どれだけ尾が伸びるかが決まります。

　彗星核は、太陽系が誕生したときに惑星へと成長できなかった小天体の生き残り。遠く太陽系の彼方からはるかな旅を経てやってくる彗星は、太陽系の成り立ちを教えてくれるタイムカプセルでもあるのです。

**2020年に出現した
ネオワイズ彗星**

久しぶりの肉眼彗星と騒がれ
ましたが、街中では双眼鏡な
どを使ってようやく見えるくら
いでした。画像：中西アキオ

探査機が撮影した彗星の核
EPOXI探査機が撮影したハートリー第2彗星の核。核は不定形で、いくつもジェットが噴き出している様子がわかります。画像：NASA/JPL-Caltech/UMD

▶ 楽しみ方

　彗星は、発見されるまでいつどこに見えるかはわかりません。それがわかっても、明るさや尾の長さは太陽や地球に近づく直前までわからないのです。そのため、日々、最新情報を集める必要があります。天文雑誌にWebサイト、SNSなど、昨今は情報を集めること自体はそこまで苦労しないでしょう。あとは複数のソースにあたって確かな情報を取捨選択することが大切です。

　観察の方法も、どんな彗星がやってくるかで大きく変わります。都心でも肉眼で尾が見える彗星もあれば、肉眼では見栄えがしなくても双眼鏡で見れば立派な姿を見せてくれる彗星、双眼鏡でかろうじて見える彗星と、まちまちです。いずれにしても、口径4〜5cm程度で8倍ほどの双眼鏡は準備しておくといいでしょう。

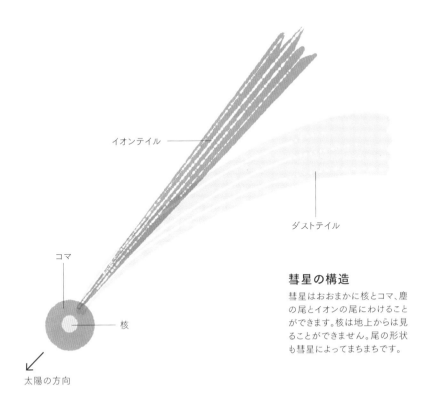

イオンテイル

ダストテイル

コマ

核

太陽の方向

彗星の構造

彗星はおおまかに核とコマ、塵の尾とイオンの尾にわけることができます。核は地上からは見ることができません。尾の形状も彗星によってまちまちです。

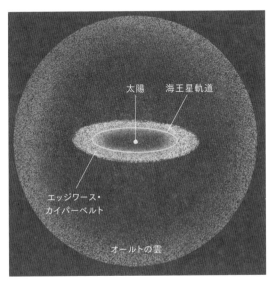

太陽　海王星軌道

エッジワース・
カイパーベルト

オールトの雲

彗星のふるさと

彗星は、海王星軌道の外側に広がる小天体がリング状に分布するエッジワース・カイパーベルトや、太陽系を球殻状に取り囲む小天体群であるオールトの雲からやってくると考えられています。

惑星になりそこなった天体たち
小惑星

　小惑星は、おもに火星と木星の間を公転している太陽系小天体の一種です。明確な定義はありませんが、岩石や金属でできていて、その多くがジャガイモのような不定形です。2023 年 6 月 1 日現在で 128 万個を超える小惑星が発見されています。太陽系において、大きさや質量こそ小さいものの、数においては圧倒的な"多数派"なのです。しかも、小惑星は太陽系の成り立ちや生命の起源を探る上でも重要な天体です。

▶ チェックポイント

　直径は大きなものでも 1,000 km に達しません。差し渡しが数百 m しかないものも多数発見されています。そのため、とても小さく暗い天体で、地球から見て肉眼で見えるほど明るくなる小惑星はベスタしかありません。そのため観察には双眼鏡が欲しいところです。双眼鏡を使えば四大小惑星（ケレス、パラス、ベスタ、ジュノー）ほか、十数個の小

探査機が撮影した小惑星ベスタ
ベスタは四大小惑星の1つですが、それでも差し渡しは500kmほどしかなく、質量が小さいため球形ではありません。
画像：NASA/JPL-Caltech/UCAL/MPS/DLR/IDA

惑星を見ることができます。

　また、小惑星が恒星を隠す「小惑星による恒星食」を観察することでも小惑星の存在を確かめることができます。これは小惑星が恒星の前を通過することで恒星が暗くなる現象で、意外とワクワクできますよ。

▶ 楽しみ方

　小惑星は星ぼしの間を動いていくので、明るい星やわかりやすい星ならびに近づくときが観察のチャンスです。明るい小惑星が見やすくなる期間は、『天文年鑑』や天文雑誌、Web サイトなどで調べることができます。

　小惑星による恒星食も、見やすいものは予報が天文雑誌や Web サイトなどで発表されます。実は小惑星による恒星食は、厳密に観測すると小惑星の大きさや形を知ることができる重要なイベントです。明るい星を隠す小惑星による恒星食はそこまで頻繁には起きませんが、挑戦するに価値がある天文現象と言えるでしょう。予報については、早水 勉氏が運営する Web サイト「HAL 星研」にまとめられています（2023 年8 月に発足する IOTA/EA［International Occultation Timing Association – East Asia］に小惑星による恒星食の予報を移行予定。予報を調べる際は、両方のサイトをチェックしたほうがいいでしょう）。

小惑星ディディモスによる恒星食
小惑星による恒星食をさまざまな場所で観測すると、小惑星の大きさや形を推定することができます。画像：渡部勇人

【参考】
HAL星研　http://www.hal-astro-lab.com/index.html
IOTA/EA　https://www.perc.it-chiba.ac.jp/iota-ea/wp/

地球に衝突する可能性も!?
地球近傍小惑星

　小惑星の多くは火星と木星の間を公転していますが、中には地球の公転軌道を横切ったり、地球の公転軌道のすぐ内側（すぐ外側）を公転したりする小惑星もあります。これらを「地球近傍小惑星」といいます。なかには地球の静止軌道（高度3万6,000 km）の内側に入り込んでくる小惑星もあり、肉眼ではむずかしくとも双眼鏡で観察できるケースもあるのです。

▶ チェックポイント

　2023年6月1日現在、3万2,000を超える数の地球近傍小惑星が発見されています。地球近傍小惑星のうち、とくに地球に接近し、かつある程度の大きさを持つ小惑星は「潜在的に危険な小惑星（PHA）」とよばれます。

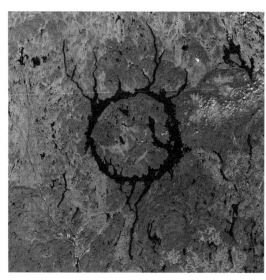

マニクアガン・クレーター

カナダ・ケベック州にあるクレーター。直径約100 km。2億1400万年前に起きた小天体の衝突によって作られたと考えられています。画像：Copernicus Sentinel-2, ESA

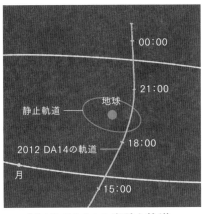

2012 DA14の光跡と軌道

（左）2013年2月16日未明（日本時）に地球に最接近し、高速で夜空を駆け抜けていきました。画像：Courtesy of E. Guido/N. Howes/Remanzacco Observatory

（上）最接近距離は約3万4,000 kmで、これは気象衛星などがある静止軌道より内側です。まさにニアミスと言えます。（時刻は世界時）

▶ 楽しみ方

　地球近傍小惑星は、差し渡しが数m〜数十mのものが多く、そのため非常に暗いです。ですから、かなり地球に近づかないと観察できません。そのような小惑星が見つかれば、または既知の小惑星の接近が予想されれば、天文雑誌などで取り上げられるでしょう。

　見え方は状況によって大きく変わります。例えば小惑星 2012 DA14 が 2013 年 2 月 16 日（JST）に地表から 2 万 7,650 km まで接近したときは、双眼鏡で充分に見える 7 等級という明るさで、1 分間に満月の見かけの大きさ 2 つ分という速さで夜空を動いていきました。直前になれば星空のどこをいつ通過するかわかりますから、双眼鏡であたりをつけて覗きながら待つといいでしょう。

夜空をかける一筋の光
流星

　夜空を横切る流星。目にしたときはつい声を上げてしまうものです。消える前に願い事を3回言うと叶う、なんて言いますが、それがむずかしいほど短時間しか見えないことの裏返し。まさに一瞬の邂逅です。

▶ **チェックポイント**

　流星の正体の多くは、彗星や小惑星がまき散らした、大きさが数mm以下の塵（砂粒）です。太陽の周りを回っていた塵が地球の大気に突入すると周囲の空気を圧縮して高温となり光ります。これが流星です。塵が小石くらいのサイズになるとかなり明るく輝く流星となり、火球とよばれます。大きいものは燃え尽きずに地球に到達して隕石となる場合もあります。火球クラスの流星が流れた後は、「流星痕」とよばれるものが見えることもあります。

　一晩に何十個もの流星が流れる「流星群」とよばれる現象もあります。彗星の軌道に沿ってばらまかれた塵の通り道に地球が突っ込んでいくことで見られ、かつては1時間に数万個の流星が流れる「流星雨」が観

おもな流星群

流星群名	流星出現期間		極大	極大時1時間あたりの流星数※
しぶんぎ座流星群	12月28日 〜	1月12日	1月4日ごろ	45
4月こと座流星群	4月16日 〜	4月25日	4月22日ごろ	10
みずがめ座η流星群	4月19日 〜	5月28日	5月6日ごろ	5
みずがめ座δ南流星群	7月12日 〜	8月23日	7月30日ごろ	3
ペルセウス座流星群	7月17日 〜	8月24日	8月13日ごろ	40
10月りゅう座流星群	10月6日 〜	10月10日	10月8日ごろ	5
おうし座南流星群	9月10日 〜	11月20日	10月10日ごろ	2
オリオン座流星群	10月2日 〜	11月7日	10月21日ごろ	5
おうし座北流星群	10月20日 〜	12月10日	11月12日ごろ	2
しし座流星群	11月6日 〜	11月30日	11月18日ごろ	5
ふたご座流星群	12月4日 〜	12月17日	12月14日ごろ	45

※充分暗い空で予想される流星数

右は2017年12月14日に撮影
されたもの。明るさ−10等の
大火球でした。画像：及川聖
彦。上はペルセウス座流星群
の−7等の火球の痕。画像：
沼澤茂美

察されたこともあるのです。

▶ 楽しみ方

　流星を見るのに特別な道具はいりません。ある意味では肉眼でしか楽
しめない天文現象と言えます。ただし、いつどこに流れるか予報はでき
ません。その点、見るのは意外と難しいのです。流星を見るには流星群
の極大日前後がおすすめ。毎年決まった時期に流星が流れ、1時間に何
十個…という場合もあります。

　メジャーな流星群としては、1月初めに極大を迎える「しぶんぎ座流
星群」、8月のお盆ごろに極大を迎える「ペルセウス座流星群」、12月
半ばに極大を迎える「ふたご座流星群」の3つがあります。これらを
まとめて3大流星群と言ったりします。これらのほかにもたくさんの
流星群がありますが、いずれにしても流星群は非常にメジャーな天文現
象なので、極大日や観察条件などは天文雑誌や『天文年鑑』のほか、さ
まざまなWebサイトで予報が掲載されています。

　流星を見るポイントは、①空が開けた場所で見る、②月明りや街明か
りを避ける、の2つです。長く空を見上げるのは大変なので、レジャ
ーシートを敷いて寝転がって見るのもいいですし、外で使えるリクライ
ニングチェアなんかがあればとても快適に観察が続けられます。

しぶんぎ座流星群の流星
2019年1月4日の一晩に撮影した流星を
1枚に合成した写真です。しぶんぎ座とは
現在のうしかい座とりゅう座の境界付近に
かつてあった星座です。画像：及川聖彦

再び宇宙へ
アースグレージング流星

　アースは地球、グレージング（グレーズ）には"かする"という意味があります。すなわち、アースグレージング流星とは、地球の大気をかすめ、光りながらも燃え尽きず、再び宇宙へと飛び出していく流星のことなのです。

　アースグレージング流星は普通の流星とくらべると長い時間見られ、多くの場合、地面と水平に動いていくように見えます。光り終わりには地上から離れロケットのように昇っていくように見えることもあります。なかなか目にする機会がない、ちょっと"変わった"見え方の流星の1つです。

▶ チェックポイント

　アースグレージング流星が見られるのは、地球が丸いからです。丸い地球の大気の縁を接線方向に通過した流星は、大気密度が濃くならずバラバラに燃え尽きずに済むのです。しばしば石の水切りを例に大気に跳ね返えされると説明されることがありますが、それは誤りです。

▶ 楽しみ方

　アースグレージング流星を"待ち構える"ことはほぼ不可能です。見られるかどうかは運次第…。しぶんぎ座流星群やペルセウス座流星群でもアースグレージング流星が観測されたことがあります。とにかく流星をたくさん見て運を天に任せましょう。

　アースグレージング流星のほかにも、"変わった"流星はいくつもあります。光って一度消えた後で再び光る「不死鳥流星」、観察者に向かうように飛んできたため止まって見える「静止流星」、短時間に多数の

2022年5月6日に観測されたアースグレージング流星

みずがめ座η流星群のもので、光り始めの高度よりも光り終わりの高度の方が高かったです。7秒間もの間光っているのが見えました。画像：藤井大地

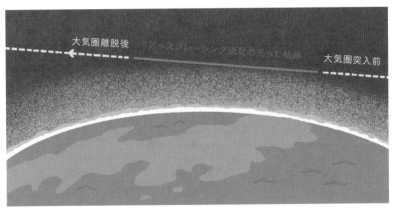

大気圏離脱後　アースグレージング流星の光った軌跡　大気圏突入前

上のアースグレージング流星の通り道

房総半島沖で地球大気圏に突入し、相模湾の上空を通り、伊豆半島上空で宇宙へと戻っていきました。

流星が狭い範囲に集中的に流れる「流星クラスター現象（木下現象）」などなど。流星観察は、実はとっても奥が深いのです。

42

暗い夜空でしか見えない淡い現象
黄道光と対日照

　非常に空が暗いところでよく晴れた日の日暮れ後、西の地平線から頭の真上の方に向かってとても淡い、天の川とは違う光の帯が見られることがあります。太陽の通り道である黄道に沿って見えるその光の帯は「黄道光」とよばれます。また、夜に太陽の反対側に相当する位置に一定の広さを持った光芒が見えることがあり、こちらは「対日照」とよばれます。その光はとてもかすかで、現代の日本では見ることがむずかしくなってしまった"消えゆく"天文現象と言えるでしょう。

▶ チェックポイント

　黄道光も対日照も、その正体は流星のもととなる物質と同じ、地球軌道付近に存在する数cm〜数μmサイズの塵です。多数の塵が太陽光を散乱するために地上からは光の帯として見えるのです。これらの塵は太陽からのさまざまな影響を受けて1億年以内に太陽に向かって落ちてしまいます。

▶ 楽しみ方

　黄道光も対日照も非常に淡く、その明るさは天の川よりも暗いです。ですから、光害がまったくないと言えるほどの場所でないと見ることはできません。黄道光は太陽に近い部分ほど明るいですが、太陽が沈まないと空が暗くならないので、宵の薄明直後や明け方の薄明直前が観察の狙い時です。

　また黄道光は黄道が地平線に対し立っているときが見やすいので、季節的には、宵の空であれば春分のころ、明け方の空であれば秋分のころに見やすくなります。

夜明けの黄道光

長野県の入笠山で撮影された
黄道光。地平線の中央付近か
らやや斜め右上に向かって伸
びる淡い光の帯が黄道光で
す。画像：中西アキオ

双眼鏡での星空観察

　肉眼で楽しめる天文現象はたくさんありますが、双眼鏡や望遠鏡があると天文現象の楽しみ方の幅が広がります。双眼鏡や望遠鏡は人の目よりもたくさんの光を集めることができるため、より暗い天体を見ることができ、天体をより細かく見ることができ、また像を拡大して大きく見ることもできます。

　双眼鏡は望遠鏡にくらべ安価で、かさばらずに持ち歩け、取り出してサッと使えます。望遠鏡を買ってからでも無駄にはなりません。

　双眼鏡を買うときは、口径とか倍率とか見かけ視野とか気にすることはいくつもありますが、もっとも大切なのはお店で触って覗いてから買うことです。重さ、手や目へのフィット感、見え味など、数字だけでは測れない性能があるのです。複数の双眼鏡を見くらべて、できるだけすっきりした見え味で、像ににじみがなく、像の際に現れる色ズレが少ないものを選びましょう。

　また、双眼鏡は三脚を使うと、ぐっと観察が楽になります。手ブレがなくなるので、暗く淡い天体や月の小さなクレーターなど、手持ちではなかなか見にくい対象も見やすくなります。双眼鏡と三脚は、別売りの三脚アダプターを介して取り付けます。

Chapter 5

恒星と
星雲・星団の
見どころ

43

星の色が意味するものは？
青い星・赤い星

　夜空にきらめく星ぼしの多くは、太陽のように高温で自ら光を放つ恒星です。明るさ、色、それぞれに個性があります。星空観察の基本は、まずは星空を肉眼であるがままに見上げること。そうすれば、それぞれの星の個性に気がつけるはずです。

▶ チェックポイント
　恒星の色が表しているもの、それはその恒星の表面温度です。青っぽい星の方は表面温度が高く（1万度以上）、赤っぽい星は温度が低い（3,000度程度）です。太陽の表面温度は約6,000度で黄色い星の仲間です。ただし、温度が高い星が青い光しか出していないわけではありませんし、温度が低い星が赤い光のみを放っているわけではありません。太陽の光をプリズムに通すと虹の7色に分かれるように、恒星はどの色の光も放射しています。ただ、温度が高い星は青い光を多く、温度が低い星は赤い光を多く出している、ということなのです。恒星（や天体）からの光を色ごとに分け、それぞれの光の強さ（明るさ）を測ったものをスペクトルといいます（p.13参照）。恒星は、スペクトルの特徴からO型、B型、A型、F型、G型、K型、M型と分類することができます。

▶ 楽しみ方
　さまざまな色の光が混ざっている恒星は、絵の具で塗りつぶしたように真っ青や真っ赤には見えません。全体としては白っぽく、少し青味（赤味）を帯びて見える程度です。そのわずかな色の違いを楽しんでみてください。明るい星の方が色はわかりやすいです。また、双眼鏡や望遠鏡で、ピントをずらしぼかして見ると色味が見やすくなりますよ。

冬の星空

明るい星が多く、もっとも色とりどりなのが冬の夜空です。O型星を除くすべてのスペクトル型の1等星が見られます。画像：中西アキオ

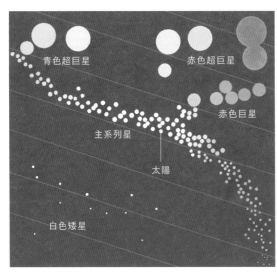

ヘルツシュプルング・ラッセル図（H-R図）

横軸に恒星の色（スペクトル型）、縦軸に恒星本来の明るさをとってプロットした図。左上から右下にかけて星が集中して分布していますが、これらの星を主系列星と言います。

44

輝ける21のスターたち
1等星

　昨今は夜空が明るいため降るような星空を見ることが難しくなってしまいましたが、夜空が明るい都会でも見られる明るさの星が「1等星」です。星座を探すときの目印となり、アステリズム（p.134参照）を作る星も多いです。

▶ **チェックポイント**

　"〇等星"というのは星の明るさを表します。数字が小さいほど明るく、厳密には1等星よりも明るい0等星や−1等星もあるのですが、ここでは1等星より明るい星もまとめて1等星として扱います。太陽を除く恒星で地球からもっとも明るく見えるのはおおいぬ座のシリウス（−1.5等星）。私たちが肉眼で見られるのは6等星までと言われています。

　1等星は6等星の100倍の明るさです。星の明るさ（光度）は、5等級差が100倍（100分の1）となるように決められているのです。つまり、1等星は2等星の約2.5倍明るいということになります。夜空には暗い星ほど数が多いです。1等星は全天で21しかありませんが、2等星は67、3等星は190、6等星ともなるとその数は5600にもなります。

▶ **楽しみ方**

　日本では、緯度によって1等星の見える数が変わります。南の地域ほど見える1等星の数は多く、21すべての1等星を見るためには北緯26.9°以南に行かないといけません。日本で言えば、沖縄県本島以南と東京都小笠原村母島以南のみです。季節的には冬の星空に1等星が多く、その数は8と全体の3分の1以上です。一方、秋の星空には1等星が2つしかありません。

シリウス（おおいぬ座）

ベガ（こと座）

アークトゥルス（うしかい座）

デネブ（はくちょう座）

全1等星一覧

名前	星座	見かけの等級
シリウス	おおいぬ	−1.5
カノープス	りゅうこつ	−0.7
リゲルケンタウリ	ケンタウルス	−0.3
アークトゥルス	うしかい	−0.0
ベガ	こと	0.0
カペラ	ぎょしゃ	0.1
リゲル	オリオン	0.1
プロキオン	こいぬ	0.4
ベテルギウス	オリオン	0.5
アケルナル	エリダヌス	0.5
ハダル	ケンタウルス	0.6
アルタイル	わし	0.8
アクルックス	みなみじゅうじ	0.8
アルデバラン	おうし	0.9
スピカ	おとめ	1.0
アンタレス	さそり	1.0
ポルックス	ふたご	1.1
フォーマルハウト	みなみのうお	1.2
デネブ	はくちょう	1.2
ミモザ	みなみじゅうじ	1.2
レグルス	しし	1.4

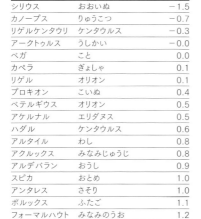

リゲル（下）、ベテルギウス（上）（オリオン座）

カペラ（ぎょしゃ座）

（画像はすべて中西アキオ）

45

太陽のそっくりさん
ソーラーアナログとソーラーツイン

　太陽も、宇宙に浮かぶ恒星の1つ。地球から遠く離れた場所から太陽を見れば、夜空に輝く星と変わらない姿を見せるはずです。現在の技術では恒星間飛行をすることはできません。太陽を夜空に光る1つの点として見ることは、現在の私たちにはできないのです。

　一方で、太陽が数ある恒星の1つであるということは、太陽に似た恒星も宇宙には数多くあるはずです。そんな星を見ることができれば、太陽系を遠く離れた場所から母なる星・太陽を見つめたのと同じ気分を味わえるかもしれません。

▶ **チェックポイント**

　太陽は黄色の星の仲間（スペクトル型がG型）で表面温度が約6000度、約46億歳の一人前の星（主系列星）。つまり、同じくらいの表面温度や年齢の主系列星を探せば、それが太陽に似た星です。

　どのくらい太陽と各数値が近いか、その程度から太陽に似た星は「ソーラータイプ」「ソーラーアナログ」「ソーラーツイン」に分類できます。もっとも太陽に似ているのが「ソーラーツイン」（ツインは英語で双子という意味）で、太陽との表面温度の差が±50度以内、太陽との年齢差が10億歳以内など厳しい条件を満たした星です。「ソーラーアナログ」は質量や金属量などの条件が緩み、「ソーラータイプ」はスペクトル型がG型である必要はないほど条件が広がります。さて、それらの中に簡単に見ることができる星はあるのでしょうか？

▶ **楽しみ方**

　もっとも太陽に似た恒星のグループであるソーラーツインは残念なが

へびつかい座δ
へびつかい座ε

18

さそり座

さそり座18番星

5.5等星で肉眼で見えない明るさではありませんが、天の川が近く肉眼で見つけるのはむずかしいです。ある研究者によって地球外知的生命探査の優先度が高い25天体の1つに選ばれています。
画像：中西アキオ

ら数が少なく、もっとも明るいさそり座18番星でも5.5等星です。肉眼で見ることはかなりむずかしいでしょう。双眼鏡や望遠鏡を使えば、へびつかい座δ星イェドプリオルと同ε星イェドポステリオルを利用して視野の中に入れることができます。

　太陽にもっとも近い恒星系の星ケンタウルス座α星が実はソーラーアナログです。ケンタウルス座α星系は三連星で、A星リギルケンタウルスとB星ともにソーラーアナログです。ただ、連星系という意味では太陽に似ている度合いが少し下がるかもしれません。単独星のソーラーアナログでもっとも見やすいのはりょうけん座β星カラです。4.24等星なので街中でもがんばれば見つけられるかもしれません。北斗七星とうしかい座のアークトゥルスが目印です。

激動する宇宙への入口
変光星

　夜空で常に同じ輝きを放っているように見える星たちですが、そのうちのいくつかは時間とともに明るさが変わります。そのような星を変光星といい、実にさまざまな種類があります。

▶ **チェックポイント**

　変光星にはさまざまな種類がありますが、ここではそのうちの代表的な2種、「脈動変光星」と「食変光星」を紹介しましょう。

　脈動変光星は、星自体が膨らんだり縮んだりを繰り返したり、星の形が変化したりして明るさが変わる星のことです。数が多く、「変光星総合カタログ」に登録されているものの半数以上が脈動変光星です。変光周期や規則性からさまざまな"型"に分類され、変光の周期が長く、また明るさの変動幅が大きいミラ型がもっとも観察しやすいです。食変光

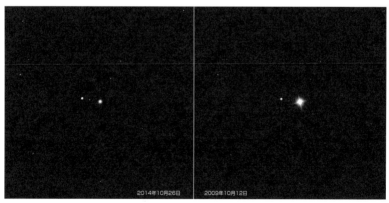

2014年10月26日　　2009年10月12日

ミラの光度変化
ミラ型変光星は明るさの変化の幅が大きく、ミラは極大時には2〜3等になりますが、極小時は9〜10等にまで暗くなります。画像：沼澤茂美

脈動変光星ミラと食変光星アルゴル

ミラはくじら座の o 星、アルゴルはペルセウス座の β 星。どちらも秋の夜空に見える星です。

星は、複数の星が互いの周りを回りあっている連星系で、互いに隠し合うことで周期的に明るさが変わります。明るさの変わり方などによっていくつかに分類されますが、もっとも観察しやすいのは明るさの変化が大きいアルゴル型です。

▶ 楽しみ方

　脈動変光星のミラ型変光星の代表星ミラ（くじら座 o 星）は、変光周期が約 332 日で、変光幅はおおむね 2.0 等〜 10.1 等です。ただし、もっとも明るいとき（極大光度）が 1 等級だったことも 3 等台だったこともあり一定しません。周期の 332 日というのもあくまで目安で、数十日単位でズレることもあります。

　食変光星のアルゴル型星で観察しやすいのはアルゴル（ペルセウス座 β 星）です。ミラ型と違い変光周期が短く短期間で観察できる一方、変光幅が小さいので明るさの変化をとらえるのがややむずかしいです。

　変光星の極大予報や星図は、日本変光星研究会やアメリカ変光星観測者協会の Web サイトが参考になるでしょう。

【参考】
日本変光星研究会 https://www.ananscience.jp/variablestar/
アメリカ変光星観測者協会 https://www.aavso.org/

突如夜空に現れた"客星"
新星と超新星

　新星や超新星は、かつて日本では客星とよばれたように、突然新しい星が出現したかのように見えるもので、その正体は恒星の爆発現象です。肉眼で見える明るさの超新星は数百年に一度しか出現しませんが、新星であれば肉眼で見える明るさのものが数年に一度は現れます。

▶ **チェックポイント**

　新星も超新星も星の爆発現象であることに変わりはありませんが、そのメカニズムはまったく違います。新星は白色矮星と普通の恒星の連星系（2つの星がお互いに重力的影響を与えあい回りあう天体）で、恒星から白色矮星へガスが流れ込み、白色矮星に降り積もったガスが核反応を暴走させ爆発を起こしたものです。

　一方、超新星はおもに太陽の8倍以上の質量を持つ恒星が一生の最期に引き起こす大爆発です。きわめて大規模な現象で、遠方の銀河で起こっても観測が可能です。我われが住む天の川銀河内で発生した場合は非常に明るく輝いて見えます。1006年4月に出現した超新星は見かけの等級が− 7.5等にもなり、太陽と月を除くと史上もっとも明るくなった天体となりました。

▶ **楽しみ方**

　新星や超新星がいつ出現するか予想することは、ほとんど不可能です。肉眼で見える明るさの新星や超新星が出現した場合はまず間違いなく話題になります。発見後、徐々に暗くなっていくケースも多いですから、可能な限り早く見ることが大切です。新星は、肉眼で見られる明るさになったとしても、4等級や5等級止まりの場合が多いです。

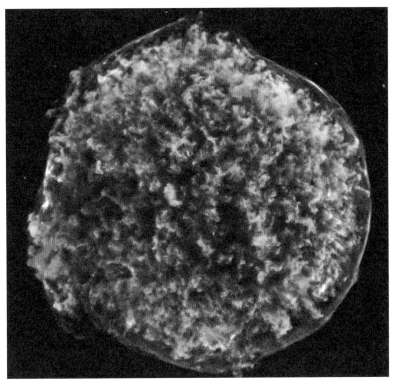

ティコの星"の現在の姿

デンマークの天文学者ティコが1572年に観測した超新星の残骸。爆発のエネルギーで高温になったガスがエックス線で輝いているのがわかります。画像：NASA/CXC/SAO

山形県の板垣公一さんが5月17日1時30分ごろ（日本時）に、いて座の領域内に12.0等で発見した新星。画像：清田誠一郎

夜空で視力検査⁉

肉眼二重星

　恒星の中には、2つの星が寄り添って見える"星のペア"があります。それらを「二重星」と言います。二重星の多くは、肉眼では1つの星にしか見えず望遠鏡で見て初めて2つの星に見えます。ところが、二重星の中には目を凝らせば肉眼で2つに分離して見えるものもあるのです。そのような二重星をとくに「肉眼二重星」と言います。

▶ **チェックポイント**

　二重星には、たまたま2つの星が同じ方向に並んで見えているだけの「見かけの二重星」と、2つの星が互いの周りを回り合っている「連星」とがあります。そのどちらであるかを求めることは意外と難しく、中にはどちらか決着がついていないケースもあるのです。

　太陽は連星ではありませんが、宇宙において連星は一般的な存在で、肉眼で見える恒星の半数以上は連星とも言われています。連星には、3個以上の星からなる多重連星も知られています。例えば1等星では、ぎょしゃ座のカペラやしし座のレグルスは4連星、オリオン座のリゲルやケンタウルス座のリギルケンタウルスは3連星です。

▶ **楽しみ方**

　もっともよく知られている肉眼二重星は、おおぐま座のミザールでしょう。北斗七星の柄の先から2番目の星で、主星ミザールは2.3等星、伴星アルコルは4.0等星です。両者の離れ具合は満月の見かけの直径の半分弱。視力次第ではありますが、容易に分離してみることができる肉眼二重星の1つです。なお、ミザールは望遠鏡で見るとさらに連星であることがわかります。

おおぐま座ζ星
ミザール

おおぐま

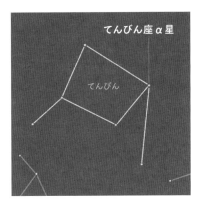

てんびん座α星

てんびん

さそり

さそり座μ星

やぎ座α星

やぎ

さまざまな肉眼二重星

おおぐま座のミザール（左上）のほか、てんびん座α星（右上）、さそり座μ星（左下）、やぎ座α星（右下）も肉眼二重星です。ミザールはかつて兵士を採用する際の視力検査に使われたという逸話があります。

ミザールとアルコル

明るい方が2等星のミザール、暗い方が4等星のアルコル。ミザールを望遠鏡で高倍率で観察すると二重星であることがわかります。明るい方が主星Aで暗い方が伴星B。画像：沼澤茂美

光度差10,000倍！
シリウスB

　シリウスと言えば冬の大三角の一角を担う星で、太陽を除けば地球からもっとも明るく見える恒星です。そのシリウス、実は伴星を持つ二重星（実視連星）です。しかも、伴星（シリウスB）は白色矮星とよばれる、言わば"星の燃えカス"です。太陽の8倍以下の質量をもつ恒星が外層のガスを周囲に放出した後に残るのが白色矮星です。

　シリウスBの明るさは約8等。決して暗い星ではありませんが、肉眼で見える明るさではなく、主星（シリウスA）の明るさが強烈で、望遠鏡でも分離して見るのは容易ではありません。逆にだからこそチャレンジし甲斐があるというもの。白色矮星という変わった天体であることも相まって、ぜひ見ておきたい天体です。

▶ チェックポイント

　シリウスAとBは連星系で、地球から見ると両者の間の見かけの距離は年々変化します。つまり、両者が離れていて見やすい年と近づいていて見にくい年があるのです。公転周期は約50年。ということは、50年のうち数年間しか見やすい期間がないということになります。21世紀中だと2021年〜2024年と2071年〜2074年がチャンスです。

▶ 楽しみ方

　見ごろを迎えていても、シリウスAとシリウスBの明るさの差が大きいために、シリウスBは容易には見えません。しかもシリウスは冬の星座の星。日本の冬は上空の気流が乱れやすく、大気のゆらぎによって星の像が激しく揺れてしまい、なおいっそう見にくくなります。近づいている2つの星が分離して見えるかどうかは、望遠鏡の分解能とい

**ハッブル宇宙望遠鏡が捉えた
シリウス**
中心の強烈な光を放っているのが主星
（シリウスA）、左下にポツンと光る点が
伴星（シリウスB）。画像：NASA, ESA,
H. Bond (STScI) and M. Barstow
(University of Leicester)

う能力に依存しますが、分解能は望遠鏡の口径が大きいほど高く、シリ
ウス B を見るためには口径が 20 cm は欲しいところです。

　というわけで、シリウス B を見るコツは、「見やすい時期」の「なる
べく上空の気流が安定している日」に「なるべく大きな望遠鏡」で「高
い倍率」で見ることです。大きい望遠鏡がなくても、日本は公開天文台
人国。公開天文台の大きな望遠鏡で、プロに案内してもらいながら見る
というのも手のひとつです。

【参考】
日本公開天文台協会HP　https://www.koukaitenmondai.jp/

見れば長生き!?
カノープス

　21ある1等星のうち、とくに天文ファンに人気なのがカノープスです。日本では南の空に低いですが南十字星ほど南へ行かなくても見られますし、中国では南極老人星とよばれ長寿と幸福を司る星とされてきました。そもそも、カノープスは天下泰平のときにしか見られないという信仰があり、古代中国では秋分の日に皇帝が観察する慣わしがあったようです。

▶ チェックポイント

　カノープスは南へ行くほど南中高度が（天体が真南に来て、一番高く上がった時の地平線との角度）高くなって見やすくなります。東京での南中高度は約2°しかありませんが、那覇では約11°になります。見える北限にチャレンジするのもおもしろいかもしれません。カノープスが見られるのは理論上北緯37.3°以南ですが、大気による屈折の影響で北限はやや北に上がり、北緯37.8°付近となります。さらに、これは海抜0mでの話で、山の上などに行くとさらに緯度が高いところでも見られ、山形県の月山から見えたという報告もあるそうですよ。

▶ 楽しみ方

　カノープスは、まず南の地平線が開けた場所で探す必要があります。もともとは－0.7等という、おおいぬ座のシリウスに次ぐ全天第2位の明るさを誇る輝星なのですが、高度が低いため大気の影響を受けて実際には3等星くらいの明るさにしか見えません。

　カノープスはりゅうこつ座の星で、明け方近くでもよければ10月ごろから見ることができます。見やすいのは1〜2月でしょう。

長野県諏訪郡入笠山で撮影されたカノープス。カノープスが地平線すれすれに見えています（十字の中央）。東京での南中高度はわずかに2°。画像：中西アキオ

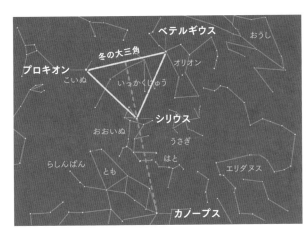

カノープスの
見つけ方

カノープスは冬の大三角を使って探すことができます。ベテルギウスとプロキオンを結んだ線の真ん中とシリウスをつないで、南へと伸ばしてみましょう。双眼鏡があるとより見つけやすくなるでしょう。

銀河を彩る儚い花たち
星雲・星団

　夜空を双眼鏡や望遠鏡で覗くと、星ではない何かを目にすることがあります。倍率を上げて見てみると、その一部は星の集まりであることがわかりますが、そうではない、雲の切れ端のようにボーッとしたものもあります。前者は星団、後者は星雲とよばれる天体です。恒星とともに天の川銀河（p.128）の構成要素である星団と星雲。それらの姿は個性的で、2つとして同じものはありません。

▶ チェックポイント

　星団は大きく「散開星団」と「球状星団」に分けられます。散開星団は比較的若い星の集まりで、同じガス雲から生まれた、言わば兄弟の星たちです。星の数は数十〜数百個で、星がまばらに集まっている天体です。一方、球状星団は年老いた星の集まりで、その成り立ちはよくわかっていません。星の数は数万〜数百万個で、その名のとおり星がボール状に集まっている天体です。

　星雲はその作られ方などから「散光星雲」「暗黒星雲」「惑星状星雲」「超新星残骸」などに分けることができます。いずれもガスの塊で、大雑把には輝線星雲と暗黒星雲が星が"生まれる場"、惑星状星雲と超新星残骸が星が"死にゆく場"と言えるでしょう。

▶ 楽しみ方

　星団や星雲は全天にいつも存在していますが、肉眼で見えて楽しめる天体となると数えるほどしかありません。まず見てほしいのは、おうし座にある散開星団のプレヤデス星団です。清少納言の随筆『枕草子』に「星はすばる、……」と登場する星の集まりで、肉眼でも6〜7個の星

散光星雲

オリオン座の三ツ星の下、小三ツ星の中央にあるオリオン大星雲。街中でもボーっとした姿をかすかに見ることができます。画像：中西アキオ

球状星団

M13球状星団。画像：中西アキオ

暗黒星雲

へび座の暗黒星雲「S字状星雲」。画像：沼澤茂美

惑星状星雲

こと座の惑星状星雲「リング星雲」。画像：沼澤茂美

超新星残骸

おうし座の超新星残骸「かに星雲」。画像：沼澤茂美

散開星団（ヒヤデス星団）

おうし座の頭にあたる位置に見える大きな散開星団。V字の星ならびが特徴。明るいオレンジ色の星は1等星アルデバラン（星団には属しません）。画像：中西アキオ

散開星団（プレヤデス星団）

和名「すばる」。おうし座の背中にあたる位置に見えます。肉眼でも5〜6個の星を数えることができるでしょう。画像：中西アキオ

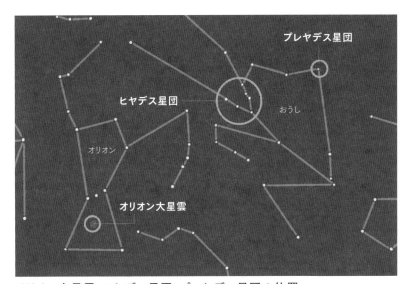

オリオン大星雲・ヒヤデス星団・プレヤデス星団の位置
いずれも冬の星座にある天体。オリオン座の三ツ星を頼りに探すことができます。

を数えることができます。すぐ近くにあるヒヤデス星団と合わせて眺め
てみましょう。ほかにも、空が暗いところであれば、かに座のプレセペ
星団やペルセウス座の二重星団などが肉眼で見られるでしょう（ただし
星の集まりには見えずボーッとした淡い雲のように見えます）。

　肉眼で見やすい星雲は星団にくらべると少なく、オリオン座のオリオン
大星雲が挙げられるでしょうか。双眼鏡があれば、見られる天体の幅
も広がります。しかし、気を付けなければいけないのは、淡いものが多
く写真のように色鮮やかには見えないということ。それでも、自分の目
で"直接"見たという感動がありますので、見やすい星雲から見始めて
みてください。

銀河の中にいることを実感しよう

天の川

立ち上る夏の天の川

夏の夜空にかかる天の川は
天の川銀河の中心方向にあ
たるため、もっとも濃く見えま
す。画像：中西アキオ

　皆さんは天の川を見たことがありますか？　七夕伝説の舞台でもあり、和歌や俳句にもしばしば詠み込まれる天の川、晴れて季節や時刻が合えばいつでも見られるはずの天体ですが、今の日本では夜空が明るいためにどこででも見られるものではなくなってしまいました。

　天の川は、肉眼ではもやもやっとした光の帯として見えます。双眼鏡で見ると視野いっぱいに無数のかすかな星たちが広がり、ところどころに星雲や星団があり、見ていて飽きることがありません。まさに星空のメインストリートといったところでしょうか。

▶ チェックポイント

　天の川を望遠鏡で観察し、星の集まりであることを初めて突き止めたのはガリレオです。そして、その正体は1000億個もの星の大集団、「天の川銀河（銀河系）」です。天の川銀河は、中心部（バルジ）が膨らんだ円盤のような形をしています。円盤部にはバルジから"腕"が伸び、渦巻構造を作っています。バルジは細長い棒のような形をしていて、天の川銀河は棒渦巻銀河とよばれるタイプに分類されます。直径は10万光年ほど、円盤部の厚みは太陽近傍で約2000光年です。

　太陽系は銀河中心から約2万6,000光年の距離に位置しています。そのため、地球から見ると、円盤部やバルジの方向には星が多く、そうでない方向には星が少なく見え、星が多い領域が帯状にぐるっと空を取り囲んでいるように見えます。これが天の川。天の川は私たちが銀河の"中"にいるからこそ見ることができる光景なのです。

▶ 楽しみ方

　天の川を見るためには"時"と"場所"を選ぶ必要があります。まずは"時"。時刻を問わなければ一年中見ることができますが、もっとも天の川が濃く見えるのは夏の宵の空です。これは、天の川銀河の中心が夏の星座であるいて座の方向にあるためです。反対に、冬は天の川銀河の縁の方向を見ていることになり、天の川はかなり淡くなります。天の

腕

バルジ

銀河系内における太陽系の位置 ──

真上から見た天の川銀河のイメージ

太陽系は天の川銀河の中心から外れた場所にあり、そこから円盤状の天の川銀河を見ると帯状の天の川が見えるわけです。画像：Wikimedia Commons.Pablo Carlos Budassi.

川を見るのが初めてという場合は、例えば8月上旬の21〜22時に南から天頂にかけて見るといいでしょう。また、月、とくに満月近い満ちた月が空に出ていない日時を選ぶことも重要です。天の川の光は非常に微かなので、月明かりには敵いません。

　続いて"場所"。これは市街地から離れるに限ります。なるべく空が暗い場所の方が、天の川が見やすくなります。ぜひ、お気に入りの天の川観察スポットを見つけてみてください。

53

広大な宇宙に浮かぶ"島"
銀河

　夜空にボーッと見える、星ではない何か。その一部は「銀河」とよばれる星ぼしの大集団です。私たちが暮らす太陽系がある天の川銀河（銀河系）も宇宙に無数にある銀河の1つ。肉眼で見ることができる銀河はいくつかありますが、それらは肉眼で見えるもっとも遠方にある天体といえます。かつて島宇宙ともよばれたはるか遠方に浮かぶ別世界…、皆さんも宇宙を遠く彼方まで見通してみませんか？

▶ チェックポイント

　銀河は数千億個の恒星に星間ガスなどを加えた宇宙で最大規模の天体です。宇宙には無数の銀河がありますが、まんべんなく広がっているわけではなく、銀河が密集している領域と、ほとんど銀河が存在しない領域とがあります。銀河の集団は規模に応じて銀河群や銀河団、超銀河団

アンドロメダ銀河
北半球から肉眼で見ることができる数少ない銀河の1つ。見かけの広がりは、実は満月の直径3個分もあります。画像：NASA / MSFC / Meteoroid Environment Office/Bill Cooke

に分類され、天の川銀河はいくつかの銀河とともに局部銀河群というグループを作っています。

　個々の銀河はその形状から渦巻銀河、棒渦巻銀河、レンズ状銀河、楕円銀河などに分類されます。また、性質や特徴をもとにした相互作用銀河やスターバースト銀河、活動銀河といった分類法もあります。

▶ 楽しみ方

　地球から肉眼で見える銀河は大小マゼラン雲とアンドロメダ銀河、そしてさんかく座銀河の4つと言われています。ところが、大小マゼラン雲は日本国内からは地平線の上に昇らず、さんかく座銀河は非常に淡くて肉眼で見るのは大変に困難です。ですから、日本から肉眼で見える銀河は、ほぼアンドロメダ銀河一択といえます。アンドロメダ銀河までの距離は約230万光年。肉眼で見えるもっとも遠い天体といってよいでしょう。

　アンドロメダ銀河があるアンドロメダ座は秋の星座。11月〜12月の宵の空高く、頭の真上近くに見えます。秋の四辺形を頼りに探すことができますから、よく晴れた日の夜にチャレンジしてみてください。

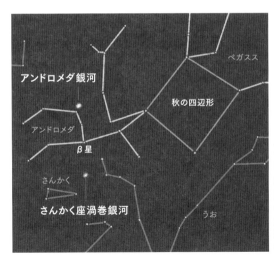

アンドロメダ銀河と
さんかく座銀河の位置

秋の四辺形からアンドロメダ座β星ミラクを探し、そこから北西に視線を動かすとアンドロメダ銀河が、南東に視線を動かすとさんかく座銀河が見つかります。

54

星空を巡る"目印"

アステリズム

　星空と聞くと星座を思い浮かべる人は多いかもしれません。このような、星と星をつないで何かしら形を描いたものを「アステリズム」と言います。星座についてはいろいろな本が出版されていますから、本項ではそれ以外のアステリズムを紹介しましょう。

　アステリズムのうちいくつかは目印として活用できます。まずアステリズムを探し、それを用いて季節の星や星座を探すことができるのです。星空観察の入口とも言えるかもしれません。

▶ チェックポイント

　星座と同様、アステリズムにもつなぎ方の決まりはありません。そもそもいつごろ作られたのか、誰がそのようによび始めたのかわかっていないものも多いです。また、国や地域によって使う星やつなぎ方が違う場合があります。例えば日本では"ひしゃく"に見立てられることが多い「北斗七星」も、世界各国はもちろんのこと、日本国内でもさまざまな形に見立てられていました。

▶ 楽しみ方

　アステリズムの多くは肉眼で見ることができます。まずは季節を代表する、複数の星座をまたいで作られる大きなアステリズムを探してみましょう。次は、肉眼で見えるけれども明るい星が少なく広がりも小さなアステリズム、さらにその次は肉眼では見えない暗い星からなる小さなアステリズムと、だんだんとスケールダウンしていくといいでしょう。

　見える日時や位置を星座早見盤で確認しつつ、ぜひいろいろなアステリズムの観察に挑戦してみてください。

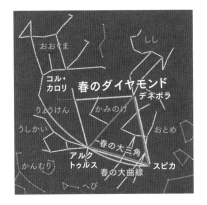

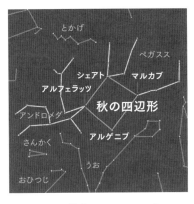

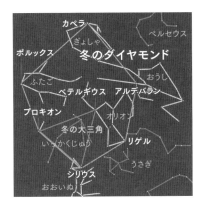

季節ごとの著名なアステリズム

春は春の大曲線のほか春の大三角や春のダイヤモンドなど、アステリズムが豊富です。夏の大三角は小学校でも習うのでもっとも有名なアステリズムの1つではないでしょうか。秋は明るい星が少なく、目立つのは秋の四辺形くらいしかありません。豪華な冬の星空には冬の大三角のほか、1等星を6つも使う冬のダイヤモンドがあります。

88星座以外のおすすめアステリズム3選

名前	構成する星	注目ポイント
北斗七星	おおぐま座の一部	ひしゃく以外にもさまざまなものに見立てられた。
ティーポット	いて座の一部	紅茶などを淹れるポットに見立てられた。
三ツ矢	みずがめ座の一部	三ツ矢以外にも「三菱」や「ベンツ」のマークにも見える。

【参考】

アマチュアが見つけたさまざまなアステリズム

http://www.deep-sky.co.uk/asterisms.htm

http://deepsky.waarnemen.com/asterisms/Asterisms_EN_VER4.2.pdf

55

予測不可能な大減光
ベテルギウスの減光

2019年末、オリオン座のベテルギウスが大きく減光し始めました。通常は0等台で、恒星の見かけの明るさベスト10に入るほど明るい星でしたが、翌年1月末には1.5等級…、つまり2等星になってしまったのです。恒星として晩年を迎えている星であるベテルギウスが、ついに超新星爆発を起こすのではないか、この大減光はその予兆なのではないかと騒がれもしましたが、そんなことはなく、4月にはほぼ元通りの明るさに戻り、むしろ減光前より明るくなったほどです。

同じような大減光が、次いつ起きるかはわかりません。本書執筆中の2023年4月にはベテルギウスが通常よりも明るくなっていることが話題になっていました。市街地でも見える明るい星がここまで変化することは珍しいですので、ぜひ注目してほしいと思います。

▶ チェックポイント

ベテルギウスはもともと周期的に明るさが変化する一方、不規則に明

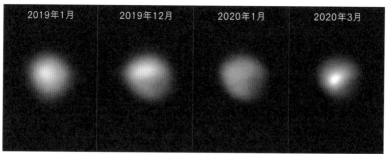

2019年～2020年のベテルギウスの変化
ヨーロッパ南天天文台の超大型望遠鏡で撮影されたものです。明るさだけでなく形も変化していることがわかります。画像：ESO/M. Montargès et al.

オリオン座全景
ベテルギウスは狩人オリオンの肩に輝く。もしベテルギウスが爆発し失われてしまったら、我われはオリオン座をどう認識するでしょうか。画像：中西アキオ

ベテルギウス

TO EARTH　　　VIEW FROM EARTH

ベテルギウス減光のメカニズム
大規模な質量放出があった後、大量の塵が噴出し、それに覆われて暗くなったという説が提唱されています。画像：NASA, ESA, and E. Wheatley (STScI)

るさを変化させることもある「半規則型変光星」です（脈動変光星（p.114）の一種）。通常は0.5等級前後で1等級ほどの変光を見せ、その周期は約400日と約2,100日の2つのサイクルが組み合わさっていると考えられています。

　2019年の大減光のメカニズムは完全に明らかにされたわけではありませんが、大規模な質量放出と、その後に塵の雲に覆われたこと、ベテルギウスの表面に巨大な低温の領域が残されたことが原因と考えられています。しかし、赤外線では減光が見られなかったことから、まだまだ謎多き星と言えます。

▶ **楽しみ方**

　大きく暗くなると言っても、夜空を見て「あ、今日は暗い！」と思えるほど顕著ではありません。恒星のわずかな明るさの変化を捉えるためには、周囲と比較する必要があります。ベテルギウスの場合、ぎょしゃ座のカペラ（0.1等）やこいぬ座のプロキオン（0.4等）、おうし座のアルデバラン（0.9等）、ふたご座のポルックス（1.1等）やカストル（1.6等）と比べつつ日々の明るさを測ってみるといいでしょう。もしかしたら、大減光の始まりをとらえることができるかもしれませんよ。

Chapter 6

人工的な
イベント

56

宇宙飛行士に手を振ろう！
国際宇宙ステーション（ISS）

　地球の周りには無数の人工衛星が公転していて、日々、私たちの役に立っていますが、とくに大きい人工衛星は肉眼でも簡単に見ることができます。その筆頭が、人類が宇宙に作った最大の構造物、国際宇宙ステーション（ISS）です。人工衛星を見るというだけでワクワクしますが、それが宇宙飛行士が暮らしている ISS ともなれば、なおのことですよね。

▶ **チェックポイント**

　意外に思われるかもしれませんが、ISS は飛行機とは違い、自ら光を放ってはいません。太陽の光を跳ね返すことで光って見えます。そのため、地上は日が沈んで空が暗くなっているけれども ISS が公転している400 km 上空には太陽の光が届いている、そんな時間帯にしか ISS を見ることはできません。具体的には日の出前や日の入り後の約2時間です。

▶ **楽しみ方**

　約90分間で地球の周りを公転している ISS は、常にほぼ同じ軌道を回っていますが、地球が自転しているため、まったく同じ場所を通過するわけではありません。そのため、ISS を見るためには日本付近の上空を通過するタイミングで空を見上げる必要があります。軌道予測はJAXA が提供する Web サイト「＃きぼうを見よう」で調べることができます。ISS の軌道はさまざまな要因で少しずつ変化するので、あまり先まで予報できません。日ごろからサイトをチェックしておきましょう。

　ISS は飛行機と違い、点滅することはありません。瞬かない明るい光点が予報通りの位置に見え、飛行機と同じくらいの速さで動いていくように見えれば、それが ISS です。

国際宇宙ステーション全景
全体の大きさはサッカーコートほど。2023年現在、日・米・ロ・欧・加の5つの宇宙機関が運用に携わっています。画像：NASA

国際宇宙ステーションの軌跡
飛行機と違い点滅することなく夜空を動いていきます。ときに金星に次ぐ明るさで見えることもあります。画像：中西アキオ

【参考】
「きぼうを見よう」　https://lookup.kibo.space/

57

その名は天宮？
中国宇宙ステーション（CSS）

　宇宙ステーションは ISS だけではありません。かつてはロシア（ソ連）がサリュートやミール、アメリカがスカイラブという宇宙ステーションを単独で打ち上げましたし、現在は中国が独自に宇宙ステーションを運用しています。中国宇宙ステーション（中国空間站）なので略称は CSS（China Space Station）でしょうか。コアモジュールの天和、実験モジュールの問天と夢天、無人補給船の天舟から構成されています。当初は「天宮」とよばれていましたが、現在公式には使われていません。

　2021 年に最初の構成要素である天和が打ち上げられた当初は、明るくなっても 1 等台でものすごく夜空で目立つ、という存在ではありませんでしたが、2022 年末に完成して以降は、マイナス等級に達することもあり、ISS に勝るとも劣らない雄姿を見せてくれています。

▶ 楽しみ方

　ISS 同様、太陽の光を反射して光って見えています。軌道も ISS と大きく変わるわけではありません。なので、約 90 分間で地球の周りを公転していて、日が沈んだ後の 2 時間、または日の出前の 2 時間に動く光点として見ることができます。

　CSS を見るのに大切なことは、ISS と同じく軌道を調べることです。ISS は日本も運用に加わっているため、JAXA の「＃きぼうを見よう」という Web サイトで可視情報を確認することができますが、CSS はそうはいきません。そこで役に立つのが Heavens Above という Web サイトです。このサイトは、ISS や CSS に限らず、さまざまな人工衛星の可視情報を視覚的にわかりやすく表示してくれます。人工天体は場所によって見える日時や方向が変わりますが、ちゃんと緯度経度などで観

中国宇宙ステーションの完成イメージ図
天和、問天、夢天の3つのモジュールからなります。人員の輸送は有人宇宙船「神舟」で、物資の
運搬は無人補給船「天舟」で行われます。画像：Shujianyang

測値を指定することができます。CSS もしっかりカバーしてくれてい
ますので、明るくなる時をねらって観察してみてください。

【参考】
Heavens Above　https://www.heavens-above.com/

58

身体全体で感じよう!
ロケットの打ち上げ

　轟音とともに空へと上昇していくロケット…。ロケットの打ち上げは、その様子を見るだけでなく、遅れてくる轟音を聞き、また振動を身体全体で受けることができる一大イベントです。天文現象ではありませんが、宇宙に関連する、一見の価値があるイベントでしょう。昨今はインターネット中継も行われるロケットの打ち上げですが、やはり"生"で見る感動には格別なものがありますよ!

▶ **チェックポイント**

　2023年6月1日現在、日本で打ち上げられるロケットはH-ⅡAロケット、H3ロケット、イプシロンロケット、観測用ロケットです。このうちH-ⅡAロケットは46号機まで打ち上げられ、2024年中に打ち上げ予定の50号機で引退する予定です。その跡を継ぐH3ロケットは、2023年3月7日に初号機の打ち上げに失敗してしまいました。原因を究明し対策を施したのち、2023年8月以降に打ち上げが再開する予定です。イプシロンロケットも2022年10月12日に6号機の打ち上げに失敗してしまいました。2023年中の打ち上げはないかもしれませんが、2024年以降の打ち上げに期待しましょう。

　ロケットには、液体燃料ロケットと固体燃料ロケットがあります。H-ⅡAロケットやH3ロケットが前者、イプシロンロケットは後者です。打ち上げの様子が液体燃料ロケットと固体燃料ロケットとでどう違うのか、ぜひ体感してもらいたいと思います。

▶ **楽しみ方**

　日本でおもにロケットの打ち上げが行われているのは、JAXAの種子

**H3ロケット試験機の
打ち上げ**

この後、第2段エンジンへの点
火が認められず打ち上げは失
敗しましたが、今後に期待しま
しょう。画像：JAXA

種子島宇宙センター 遠景
サンゴ礁に囲まれた岬の先に設置されていることから「世界一美しいロケット射場」とも言われます。画像：JAXA

島宇宙センター（鹿児島県南種子町）と内之浦宇宙空間観測所（鹿児島県肝付町）です。いずれも JAXA の施設の敷地内は立ち入り禁止となり、町が開設する見学場から見ることになります。開設するか否か、事前申し込みが必要かどうかなど、各町の Web サイトや公式 SNS で確認をしましょう。

　人為的に行われるロケットの打ち上げですが、必ず予定通りに事が進むとは限りません。天候その他の状況によって打ち上げが延期されることも珍しくはないのです。はるばる島に渡ったのに見られなかった…というのもよくあること。それも含めてロケット打ち上げ見学の醍醐味だと思ってください。

各見学場には、地元の人たちはもちろんのこと、日本各地から報道陣やファンが集まります。画像：荒舩良孝

【参考】
南種子町ホームページ　http://www.town.minamitane.kagoshima.jp/index.html
肝付町ホームページ　https://kimotsuki-town.jp/index.html

147

人工的なイベント

青白い真珠のような輝き
夜光雲

夜光雲とは、通常の雲よりもずっと空の高いところに出現する雲。高緯度地域の夏に発生することが多く、日没後や日の出前の暗い空に淡い青白い光を放って見えます。その姿は神秘的という言葉がぴったりです。実は、ロケットの打ち上げに伴って日本でも見られることが…。

▶ **チェックポイント**

夜光雲が発生するのは、おもに緯度 50°〜 70°、そして地表からの高さが 75 〜 85 km のあたりです。発生する時間帯はとくに決まっていませんが、その姿は非常に淡いため、地上は暗くなっていて、かつ上空（夜行雲）に太陽光が当たっている時間帯に見られるのが一般的です。

夜光雲は粒径が 40 〜 100 nm の氷晶からできています。ちょうど青っぽい光を散乱しやすい粒径で、そのために夜光雲は青白く見えるのです。近年の研究では、流星の "燃えカス" である流星塵が夜光雲発生に大きく関わっていることが明らかにされました。

▶ **楽しみ方**

2015 年には初めて北海道で夜光雲が観測されましたが、日本の大部分では天然の夜光雲は見ることができません。しかし、ロケットの打ち上げに伴って発生することがあり、例えば 2017 年 1 月 24 日の夕方に H- II A ロケットが打ち上げられたときには射場から遠く離れた関東地方でも見ることができました。ロケットの打ち上げに伴う夜光雲は、ロケット打ち上げ時の水蒸気の噴射が上空の冷たい空気に触れることで氷晶となり出現すると考えられています。

天然の夜光雲
2015年7月18日にスウェーデンのストックホルムで撮影されたものです。真珠のような輝きでした。画像：蓮尾隆一

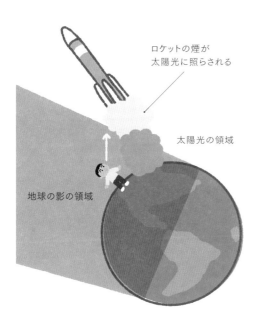

ロケットの煙が
太陽光に照らされる

太陽光の領域

地球の影の領域

ロケットの打ち上げに
伴う夜光雲
ロケットの打ち上げに伴う夜光雲は、地上には太陽光が当たっていないけれども、上空には太陽光が届いている宵の時間帯に見ることができます。

太陽

リアル銀河鉄道 !?
スターリンク衛星

「スターリンク」とは、アメリカの企業が運用している通信衛星群です。約12,000基（最大42,000基）もの衛星を打ち上げ、世界中に衛星インターネット通信を提供することを目的としています。列をなして動いていく様子はさながら銀河鉄道のよう。美しいと感じるか違和感を覚えるかは皆さん次第…。あなたの目にはどのように映るでしょうか？

▶ **チェックポイント**

スターリンク衛星が列をなして見えるのは、多いときは60基もの衛星を一気に打ち上げるためです。最終的に運用軌道へと落ち着くため衛星同士の間隔は離れていきますが、打ち上げ直後は数十の衛星が一群となって動くのです。これだけであればスターリンク衛星は"きれい"で済むかもしれませんが、最終的な数になると夜空に常時数百の衛星が見えることになり、天体観測への影響も懸念されています。新たな時代の「光害」といったところでしょうか。

▶ **楽しみ方**

銀河鉄道のようなスターリンク衛星群の姿は、打ち上げから数日以内でないと見ることができません。日々、スターリンク衛星を打ち上げ、運用しているスペースX社のWebサイトやTwitterなどをチェックし、打ち上げ情報を掴むようにするといいでしょう。国際宇宙ステーション（ISS）の項で紹介したWebサイト「Heavens Above」にも予報が載りますので、ISSなどと合わせて確認するのもいいですね。スターリンク衛星の個々の明るさは2～3等です。肉眼でも楽しめますし、双眼鏡で覗いてみるのもおすすめです。

連なりながら飛行する
スターリンク衛星
2022年9月6日の打ち上げ直後に撮影
されたものです。画像：藤井大地

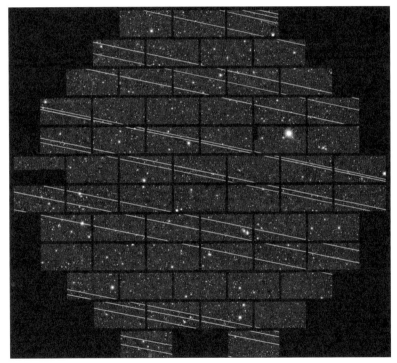

天体観測に影響も…
南米チリにあるヤロ・トロロ汎米天文台の望遠鏡の視野内に写り込んだ19基のスターリンク衛星
の光跡。画像：NSF's National Optical-Infrared Astronomy Research Laboratory/
CTIO/AURA/DELVE

【参考】
SpaceX　https://www.spacex.com/
Heavens Above　https://www.heavens-above.com/

61

人工的なイベント

8時59分60秒⁉

うるう秒

　1分は60秒、1時間は60分、1日は24時間、1年は365日（366日）というのは世の常識です。ところが、数年に一度、8時59分60秒という瞬間が訪れることがあります。その日は1日が1秒だけ長いのです。この追加（挿入）された1秒のことを「うるう秒」と言います（なお、現行のシステムでは1秒"削除"することもあり得ますが、これまでに例はありません）。1972年以来、計27回のうるう秒挿入が行われてきました（直近は2017年7月1日）ので、皆さんも記憶にあるかもしれません。日常生活にはさほど影響を与えませんが、時間というものを考えるいい機会になります。

▶ チェックポイント

　そもそも、なぜうるう秒が必要なのでしょうか？ もともと「1日」の長さは地球の自転を基準として決められました。そして、その24分の1が「1時間」、その60分の1が「1分」、さらにその60分の1が「1秒」と決められたのです。一方、技術の進歩によって原子時計で正確な時間が測れるようになると、地球の自転の速度が一定ではないことがわかってきました。すると、地球の自転と原子時計の時刻の間には差が生じてしまうことになります。その調整のために挿入もしくは削除されるのがうるう秒なのです。

　しかし、うるう秒にはいろいろな問題もあります。コンピュータ社会の昨今、1秒の重みは昔にくらべて格段に大きくなりました。また地球の自転の変化は不規則なので、うるう秒がいつ挿入（削除）されるか、短期的にも予報ができません。そのため、うるう秒廃止の議論が起こり、2035年までにズレの許容値を引き上げることが2022年に決定しまし

た。新しい許容値は、今後 100 年間は調整が不要になるよう定められるそうです。ということは…もしかしたらしばらくうるう秒を体験できないかもしれません。

▶ 楽しみ方

うるう秒を"実感"するのは不可能です。また、一般的なデジタル時計は 8:59:60 という表示はしてくれません。それでも、少しでもうるう秒を感じるためには 8:59:60 という表示を見たいですよね。それが見られるのが東京都小金井市に位置する国立研究開発法人情報通信研究機構本部建物正面中央上部にあるデジタル時計です。機会があれば、ぜひ見に行ってみてください。

なお、うるう秒の挿入（削除）は、世界時の 12 月か 6 月の末日の最後の秒で行われます。日本は世界時との時差が 9 時間あるため、1 月 1 日 8 時 59 分 59 秒か、7 月 1 日 8 時 59 分 59 秒の直後となります。

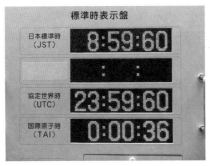

市販されている時計にはうるう秒の瞬間は表示されません。画像は 2017 年 1 月 1 日に「うるう秒」が挿入されたときの標準時表示板です。画像：情報通信研究機構NICT

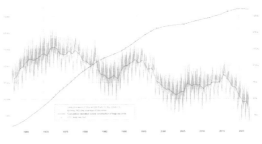

1日の長さの変動

1962 年～2021 年の 1 日の長さ。緑線は 1 日の長さから 86400 秒を引いたものの 365 日の移動平均。赤線はうるう秒導入以来の累積偏差。画像：Ⅱ Ⅶ Ⅻ

62

頭上に輝く人工の星
プラネタリウム

　残念なことに、私たちの多くは自分の住んでいる場所で満天の星を見ることができません。都市化が進んだ日本では、人口のおよそ7割が天の川が見えない場所に住んでいるという調査結果もあります。そんな私たちに降るような星空を提供してくれるのがプラネタリウムです。

　日本は各地に300を超えるプラネタリウム館があり、個性豊かです。天文や宇宙の"科学"を伝える場所であるだけでなく、癒しやエンターテインメントを提供してくれる場所でもあります。そして、文学・音楽・美術・歴史…さまざまな分野と星が出会う交差点でもあるのです。

▶ チェックポイント

　プラネタリウムとは、本来は星を映し出してくれる機械のことです。大きく分けて光学式とデジタル式があり、光学式は光源の光を恒星の配置に孔を開けた板（恒星原板）を通してドームスクリーンに映し出す方法、デジタル式は全天をカバーするプロジェクターでPCの画面をドームスクリーンに映し出す方法です。いずれにも一長一短があり、両者を導入してそれぞれの特性を活かした投影を行っている館が近年では主流です。

▶ 楽しみ方

　日本には300を超える数のプラネタリウムがあると書きましたが、都道府県によっては1、2館しかないところもあり、近くにプラネタリウムがないという地域も多いと思います。日本プラネタリウム協議会のWebページや『全国プラネタリウムガイド』（恒星社厚生閣）などの書籍を頼りに、ぜひ身近なプラネタリウムに足を運んでみてください。

プラネタリウムの星空と秋の星座

近年は光学式投影機とデジタルプロジェクターを融合させたハイブリッド式のプラネタリウムが主流です。星座絵などはプロジェクターで手軽に映せるようになりました。

平塚市博物館外観

屋根の上にかすかに見えているのがプラネタリウムのドーム。

【参考】
日本プラネタリウム協議会　https://planetarium.jp/

きほんミニコラム

月待塔

　かつて、日本には、集まった人々と飲食を共にしながらある特定の月齢の月の出を待つ「月待ち」という風習がありました。その多くが満月以降の月の出を待つもので、もっとも多く行われてきたのは「二十三夜待ち」でしょう。ほかにも「十九夜待ち」、「二十六夜待ち」などがありました。二十三夜の月ともなると昇ってくるのは日付がとうに変わった後…。当初は仏教色が強い行事でしたが、次第に娯楽としての要素が強くなっていったようです。熱心な地域では毎月、もしくは1、5、9、11月に行い、年に一度、という地域も多くありました。

　月待ちは、「講」を単位として行われることが一般的でした。講とは信仰上や経済上の目的を達成するために結ばれた地域的な集団のことです。しばしば、そのメンバー（講中）が地域の路傍に「二十三夜塔」といった文字を刻んだ石塔を建てることがありました。月待ちの行事自体は今ではほとんど行われなくなってしまいましたが、各地に残る月待塔が在りし日の月待ちの面影を教えてくれます。もしかしたらあなたが住んでいる地域にもあるかもしれません。。ぜひ探してみてください。

UFO

　UFOと聞くと、空飛ぶ円盤…"宇宙人"の乗り物を思い浮かべる人が多いかもしれませんが、UFOは「Unidentified Flying Object」、すなわち未確認飛行物体の略ですから、皆さん自身が何だかわからないものが飛んでいるのを目にしたのであれば、それがすべてUFOということになります。なので、皆さんも意外と目にしたことがあるのではないでしょうか。後々、いろいろと調べて正体が明らかになり、UnidentifiedでなくなればUFOではなくなりますし、実際そんなケースがほとんどです。

　夜空に光りながら動いている"何か"を見ると、UFOと勘違いする人が多いようです。まずは落ち着いて、動き方や光り方をしっかり観察しましょう。そもそも動いていなければ、惑星やとくに明るい恒星です。まわりに雲があってそれが動いていると、星でも不自然に動いて見えてしまう場合がなくはありません。本当に動いていたのであれば、人工衛星か飛行機を疑いましょう。空のどこからどこへ動いていったのかを記録しておけば、該当する衛星や飛行機があったか調べることができます。

　また、例え動いていても見えたのが一瞬であれば流星の可能性が高いです。自分の知らない何かを見つけたとき、その正体を解明する過程そのものが科学です。たとえ"宇宙人"に会えずとも、きっとワクワクが味わえるはずですよ。

おわりに

　『天文現象のきほん』、いかがだったでしょうか？　天文現象と一口に
は括れない多様性を感じてもらえたのであれば、そして、あ、今度はこ
れを見てみたい！　と思ってもらえたのであれば、著者として望外の喜
びです。

　本書執筆のきっかけは、私がFacebookに自身の天文現象の"履歴"
を投稿したことです。あれは見た、あれは見ていない、ほかに何がある？
とリストアップしていき、また、友人たちにコメントをもらうことで、
天文現象ってこんなにバリエーションが豊かなのか、ということに改め
て気づかされました。一方で、天文現象を紹介した本はいくつもありま
すが、日食や月食、彗星、流星群、星食などどちらかといえば"ビッグ
な"天文現象だけを取り上げたものがほとんどで、日の出・日の入りす
ら天文現象としてとらえ扱ったものは意外とないな、ということにも気
づきました。それらを網羅して、自分の達成度を確認し、次は何を見よ
う？　と考えられる本が作れるのではないか？　そう考え、『月刊　天文
ガイド』編集部に持ちかけたことで、本書が生まれたのです。「きほん」
シリーズですので、マニアック過ぎて掲載を見送った現象もあります。
ほかにどんな現象があるか、ぜひ調べてみてください。

　多くの人にとって、天文現象はある意味お祭りのようなものかもしれ
ません。スポーツであればオリンピックやワールドカップでしょうか。

しばしば天文イベントと言われるように、一過性のできごとのようにニュースで扱われることも多いです。SNS などで情報を偶然目にして知った、なにやら盛り上がっていたから自分もチラッと見てみた、そんな風に天文現象に接する人も多いでしょう。もちろんそれで充分です。ですが、もし少しでも興味を持った、好奇心をくすぐられたのであれば、ぜひその先に足を踏み入れてほしいと思います。そして、天文現象でなくとも星空は一期一会。特別な現象が起きていない星空も、また特別なのです。

　最後になりましたが、本書を執筆する機会を与えてくださった、誠文堂新光社の天文ガイド編集部に感謝申し上げます。なかなか筆が進まず、かなりやきもきさせてしまいました。また、執筆作業が深夜にまで及んだ私を見守ってくれた妻・萌にも感謝します。2 人の息子がもう少し大きくなり 4 人で天文現象が楽しめる日が来るのが楽しみです。そして、本書を手に取って、読んでくださったすべての皆さんにお礼申し上げます。今度は、同じ星空の下でお会いしましょう。

2023 年 7 月　　塚田 健

塚田 健（つかだ・けん）
東京学芸大学大学院教育学研究科理科教育専攻修了。姫路市宿泊型児童館「星の子館」天文担当職員を経て、現在は平塚市博物館天文担当学芸員。東京学芸大学非常勤講師（博物館学）。専門は、太陽系小天体と太陽系外惑星、アストロバイオロジー。『月刊 天文ガイド』（誠文堂新光社）で執筆するほか、著書に『図解 身近にあふれる「天文・宇宙」が3時間でわかる本』（明日香出版社）がある。

装丁・フォーマットデザイン　佐藤アキラ
イラスト　ササキサキコ
協力　Planet Plan Design Works
写真提供協力　本文掲載写真に提供者名記載（敬称略）

やさしいイラストでしっかりわかる
今夜はどの星をみる？ 空を見上げたくなる天文ショーと
観察方法の話
天文現象のきほん

2023年8月18日　発　行　　　　　　　　　　NDC440

著　　　者　　塚田 健
発　行　者　　小川雄一
発　行　所　　株式会社 誠文堂新光社
　　　　　　　〒113-0033 東京都文京区本郷3-3-11
　　　　　　　電話 03-5800-5780
　　　　　　　https://www.seibundo-shinkosha.net/
印　刷　所　　株式会社 大熊整美堂
製　本　所　　和光堂 株式会社

©Ken Tsukada. 2023　　　　　　　　Printed in Japan

ISBN978-4-416-62300-8